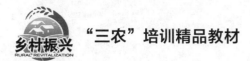

"三农"培训精品教材

耕地保护和建设

● 姜 华 编

中国农业科学技术出版社

图书在版编目（CIP）数据

耕地保护和建设／姜华编 . --北京：中国农业科学技术出版社，2024.4

ISBN 978-7-5116-6787-8

Ⅰ.①耕… Ⅱ.①姜… Ⅲ.①耕地保护–研究–中国 Ⅳ.①F323.211

中国国家版本馆 CIP 数据核字（2024）第 082827 号

责任编辑 申 艳
责任校对 王 彦
责任印制 姜义伟 王思文

出 版 者 中国农业科学技术出版社
　　　　　北京市中关村南大街 12 号　　邮编：100081
电 　 话 （010）82103898（编辑室）　　（010）82106624（发行部）
　　　　　（010）82109709（读者服务部）
网 　 址 https：∥castp.caas.cn
经 销 者 各地新华书店
印 刷 者 北京中科印刷有限公司
开 　 本 140 mm×203 mm　1/32
印 　 张 5.25
字 　 数 140 千字
版 　 次 2024 年 4 月第 1 版　2024 年 4 月第 1 次印刷
定 　 价 34.80 元

前　　言

　　耕地，作为人类生存与发展的基石，承载着亿万人民的希望与梦想。它不仅是农民增收的源泉、农业增效的基石，更是农村发展的载体和粮食安全的保障。耕地的保护与建设，关乎经济社会的稳定发展，关乎国家的安全与未来，更关乎每位公民的福祉。

　　在当前全球背景下，耕地面临着前所未有的挑战。随着工业化和城市化的快速推进，耕地退化、污染和非法占用等问题日益凸显，这不仅威胁到粮食安全，更对生态环境和社会稳定造成深远影响。因此，耕地的保护和建设已成为全球性、综合性的战略问题。

　　本书正是基于这样的背景编写的。全书共分为7章，包括耕地概述、退化耕地治理、保护性耕作、黑土地保护、土壤调查、高标准农田建设、耕地保护和建设案例。

　　本书语言通俗易懂，内容实用、可操作。希望能够为广大农民、农业工作者、政策制定者以及关心耕地保护与建设的读者提供有益参考。

　　由于时间仓促和水平有限，本书难免存在不足之处。衷心希望广大读者能够提出宝贵的意见和建议，以便及时修订。

编　者

2024 年 3 月

目　　录

第一章 耕地概述

第一节 耕地相关概念

一、耕地

（一）耕地的概念

耕地是指人们经常进行耕耘并能够种植各种农作物的土地。在我国，耕地是一种主要的农业用地。根据《土地利用现状分类》（GB/T 21010—2017）规定，耕地是指种植农作物的土地，包括熟地，新开发、复垦、整理地，休闲地（含轮歇地、轮作地）；以种植农作物（含蔬菜）为主，间有零星果树、桑树或其他树木的土地；平均每年能保证收获一季的已垦滩地和海涂。耕地中包括南方宽度小于1.0米、北方宽度小于2.0米的固定的沟、渠、路和地坎（埂）；临时种植药材、草皮、花卉、苗木等的耕地，临时种植果树、茶树和林木且耕层未破坏的耕地，以及其他临时改变用途的耕地。

（二）耕地包含的地类

耕地包含水田、水浇地、旱地。水田是指用于种植水稻、莲藕等水生农作物的耕地，包括实行水生、旱生农作物轮种的耕地。水浇地是指有水源保证和灌溉设施，在一般年景能正常灌溉，种植旱生农作物（含蔬菜）的耕地，包括种植蔬菜的非工厂化的大棚用地。旱地是指无灌溉设施，主要靠天然降水种植旱生农作物的耕地，包括没有灌溉设施，仅靠引洪淤灌的耕地。

（三）耕地上农作物的规定

1. 耕地上允许种什么

2021 年 11 月 27 日，自然资源部、农业农村部、国家林业和草原局印发的《关于严格耕地用途管制有关问题的通知》对此提出了明确的要求。一般耕地主要用于粮食和棉、油、糖、蔬菜等农产品及饲草饲料生产；在不破坏耕地耕层且不造成耕地地类改变的前提下，可以适度种植其他农作物。

2. 耕地上不允许种什么

不得在一般耕地上挖湖造景、种植草皮。不得在国家批准的生态退耕规划和计划外擅自扩大退耕还林还草还湿还湖规模。经批准实施的，应当在第三次全国国土调查（以下简称"国土三调"）底图和年度国土变更调查结果上明确实施位置，带位置下达退耕任务。不得违规超标准在铁路、公路等用地红线外，以及河渠两侧、水库周边占用一般耕地种树、建设绿化带。未经批准不得占用一般耕地实施国土绿化。经批准实施的，应当在国土三调底图和年度国土变更调查结果上明确实施位置。未经批准工商企业等社会资本不得将通过流转获得土地经营权的一般耕地转为林地、园地等其他农用地。确需在耕地上建设农田防护林的，应当符合农田防护林建设相关标准。建成后达到国土调查分类标准并变更为林地的，应当从耕地面积中扣除。严格控制新增农村道路、畜禽养殖设施、水产养殖设施和破坏耕层的种植业设施等农业设施建设用地使用一般耕地。确需使用的，应经批准并符合相关标准。

二、永久基本农田

(一) 什么是永久基本农田

根据《中华人民共和国基本农田保护条例》，基本农田是指按照一定时期人口和社会经济发展对农产品的需求，依据土地利用总体规划确定的不得占用的耕地。

2008 年中共十七届三中全会提出"永久基本农田"的概念，"永久基本农田"即无论什么情况下都不能改变其用途，不得以任何方式挪作他用的基本农田；2019 年修订的《中华人民共和国土地管理法》在基本农田前面加上"永久"二字，体现了国家对永久基本农田保护的重视。

永久基本农田重点是用于发展粮食生产，特别是口粮生产。国土资源部等 7 个部门在 2005 年联合下发的《关于进一步做好基本农田保护有关工作的意见》，将基本农田上的农业结构调整严格限定在种植业（主要包括粮、棉、油、麻、丝、茶、糖、菜、烟、果、药、杂等农作物生产）范围内；国务院办公厅在 2020 年下发的《关于防止耕地"非粮化"稳定粮食生产的意见》指出，对耕地实行特殊保护和用途管制，严格控制耕地转为林地、园地等其他类型农用地，并明确了耕地利用优先序，永久基本农田重点用于发展粮食生产，特别是保障水稻、小麦、玉米三大谷物的种植面积。国家从政策层面进一步突出永久基本农田的地位和作用。

(二) 永久基本农田上的农作物

1. 永久基本农田允许做什么

现状种植粮食作物的继续保持不变；现状种植棉花、蔬菜等非粮食作物的可维持不变；也可结合政策引导向种植粮食作物调整，永久基本农田主要用于粮食生产。

2. 永久基本农田不允许做什么

不得将永久基本农田转为其他类型农用地及农业设施建设用地。严禁发展林果业和挖塘养鱼。严禁种植苗木、草皮等用于绿化装饰及其他破坏耕层的植物。严禁挖湖造景、建设绿化带。严禁新增建设畜禽养殖设施、水产养殖设施和破坏耕层的种植业设施。

（三）永久基本农田与耕地的关系

1. 概念不同

耕地比永久基本农田的范围要大，永久基本农田只是耕地的一部分，而且主要是高产优质的那部分耕地。永久基本农田是依法划定的优质耕地，要重点用于发展粮食生产。

2. 农转用审批流程不同

建设占用永久基本农田报国务院批准；建设占用耕地超过35公顷报国务院批准。

3. 非法占用刑法处罚面积不同

依据《中华人民共和国刑法》和相关司法解释，非法占用永久基本农田五亩①以上或者非法占用永久基本农田以外的耕地十亩以上，造成耕地大量毁坏的，处五年以下有期徒刑或者拘役，并处或者单处罚金。

因此，耕地不一定是永久基本农田；永久基本农田保护区经依法划定后，对永久基本农田实行特殊保护，任何单位和个人不得改变或者占用。

三、土壤

（一）土壤的概念

土壤是农业生产的基本条件，是农作物生长发育的物质基

---

① 1亩≈667米²，15亩=1公顷。全书同。

础，是人类赖以生存的重要资源和生态条件。不同学科的科学家对土壤的概念存在着不同的认识，要想给土壤下一个严格的定义是很困难的。土壤学家和农学家对土壤的传统定义为：发育于地球陆地表面，能生长绿色植物的疏松多孔结构表层。在这一概念中，土壤的主要功能是能生长绿色植物，具有生物多样性，所处的位置在地球陆地的表层。

（二）土壤的组成

土壤是由矿物质和有机质（固相）、水分（液相）、空气（气相）三相物质组成的疏松多孔体。固相物质的体积约占50%，其中38%是矿物质颗粒，它构成土壤的主体，搭起土壤的骨架，好比是土壤的骨骼；12%是有机质，主要是腐殖质，它好比是土壤的肌肉，是土壤肥力的保证。在固体物质之间，存在着大小不同的孔隙，占据了土壤体积的另一半。孔隙里充满了水分和空气，水分一般占土壤体积的15%～35%。土壤水分实际上是含有可溶性养分的土壤溶液，它在孔隙中可以上下左右运移，好比是土壤的血液。孔隙中的空气与大气不断地进行交换，大气补给土壤氧气，土壤又释放二氧化碳，好比土壤也在呼吸。

（三）我国土壤类型

我国大约有15种主要土壤类型，分别是砖红壤、赤红壤、红黄壤、黄棕壤、棕壤、暗棕壤、寒棕壤（漂灰土）、褐土、黑钙土、栗钙土、棕钙土、黑垆土、荒漠土、高山草甸土和高山漠土。

1. 砖红壤

海南岛、雷州半岛、云南西双版纳和台湾岛南部，大致位于北纬22°以南地区。热带季风气候。年平均气温为23～26℃，年平均降水量为1 600～2 000毫米。植被为热带季雨林。风化淋溶作用强烈，易溶性无机养分大量流失，铁、铝残留在土中，颜色发红。土层深厚，质地黏重，肥力差，呈酸性至强酸性。

砖红壤地区适合种植的主要树种有黄枝木、荔枝、黄桐、木麻黄、桉、台湾相思、橡胶树、桃金娘、岗松，以及鹧鸪草、知风草等植物。砖红壤地区农作物可一年三熟，适宜橡胶树、椰子、胡椒等生长，是橡胶的主要产区，也是中国发展热带经济作物的重要基地。砖红壤地区应有计划地合理垦殖，并进行多种经营。在橡胶树林间，可种植云南大叶茶、金鸡纳树、可可、肉桂、三七等短期热带作物，这是充分利用热带土壤资源的重要途径。

2. 赤红壤

云南南部的大部，广西、广东的南部，福建的东南部，以及台湾的中南部，位于北纬22°至25°。为砖红壤与红壤之间的过渡类型。南亚热带季风气候区。气温较砖红壤地区略低，年平均气温为21~22℃，年降水量为1 200~2 000毫米，植被为常绿阔叶林。风化淋溶作用略弱于砖红壤，颜色红。土层较厚，质地较黏重，肥力较差，呈酸性。

赤红壤区适合种植的果树有龙眼、荔枝、甘蔗、阳桃、香蕉、杧果等，还可以种植药材，如首乌、杜仲、灵芝、三七等，大田作物一年两熟到三熟，为我国冬季蔬菜的产地。

3. 红黄壤

长江以南的大部分地区以及四川盆地周围的山地。中亚热带季风气候区。气候温暖，雨量充沛，年平均气温16~26℃，年降水量1 500毫米左右。植被为亚热带常绿阔叶林。黄壤形成的热量条件比红壤略差，但水湿条件较好。红壤有机质来源丰富，但分解快，流失多，故土壤中腐殖质少，质地较黏，因淋溶作用较强，钾、钠、钙、镁积存少，而含铁、铝多，土呈均匀的红色。黄壤由于其中的氧化铁水化，土呈黄色。

红壤一般适合种植水稻、茶叶、甘蔗，山地还适合种植杉树、油桐、毛竹、棕榈等经济林木。另外，红壤还是种植柑橘的良好土壤。黄壤是重庆市山区的主要旱粮和多种经济作物用地，同时也是林业基地，农作物主要有玉米、小麦、甘薯、马铃薯和多种蔬菜、茶叶等。

4. 黄棕壤

北起秦岭、淮河，南到大巴山和长江，西自青藏高原东南边缘，东至长江下游地区。是黄红壤与棕壤之间过渡型土类。亚热带季风区北缘。夏季高温，冬季较冷，年平均气温为 15~18℃，年降水量为 750~1 000 毫米。植被是落叶阔叶林，但杂生有常绿阔叶树种。既具有黄壤与红壤富铝化作用的特点，又具有棕壤黏化作用的特点。呈弱酸性，自然肥力比较高。

黄棕壤地区的水热条件优越，很适宜多种林木的生长，是中国经济林的集中产地，也是重要的农作区，盛产多种粮食和经济作物。在土层浅薄处，宜栽耐旱耐瘠的马尾松、刺槐、山杨等；在土层厚、肥力好的地方，可大力发展栎类、杉木以及油茶、油桐、漆树、竹茶、桑等；在排水较差处可种植经济价值较高的油料乌桕。

5. 棕壤

山东半岛和辽东半岛。暖温带半湿润气候。夏季暖热多雨，冬季寒冷干旱，年平均气温为 5~14℃，年降水量为 500~1 000 毫米。植被为暖温带落叶阔叶林和针阔叶混交林。土壤中的黏化作用强烈，还有较明显的淋溶作用，使钾、钠、钙、镁都被淋失，黏粒向下淀积。土层较厚，质地比较黏重，表层有机质含量较高，呈微酸性。

棕壤是分布于中国暖温带湿润森林和半湿润干旱森林与灌木草原的淋溶土和半淋溶性土壤，是我国北方的主要粮食作物与水

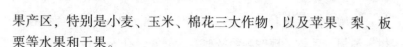

果产区，特别是小麦、玉米、棉花三大作物，以及苹果、梨、板栗等水果和干果。

6. 暗棕壤

东北地区大兴安岭东坡、小兴安岭、张广才岭和长白山等地。中温带湿润气候。年平均气温－1～5℃，冬季寒冷而漫长，年降水量600～1 100毫米。是温带针阔叶混交林下形成的土壤。土壤呈酸性，与棕壤相比，其表层有较丰富的有机质，积累了很多腐殖质，是比较肥沃的森林土壤。

暗棕壤作为林业基地，主要用于发展林业。落叶松、红松、水曲柳和胡桃楸等喜肥喜湿，一般应营造在山坡中下部腐殖质中厚的典型暗棕壤或草甸暗棕壤上，尤其是红松，对土壤条件要求较高，最适合在草甸暗棕壤和典型暗棕壤上种植。云杉、桦木等适应性强，能耐瘠薄，可以种植在土壤条件较差的白浆化暗棕壤和灰化暗棕壤上。

7. 寒棕壤（漂灰土）

大兴安岭北段山地上部，北面宽、南面窄。寒温带湿润气候。年平均气温为－5℃，年降水量450～550毫米。植被为亚寒带针叶林。土壤经漂灰作用（氧化铁被还原随水流失的漂洗作用，以及铁、铝氧化物与腐殖酸形成螯合物向下淋溶并淀积的灰化作用）。土壤酸性大，土层薄，有机质分解慢，有效养分少。

8. 褐土

山西、河北、辽宁三省连接的丘陵低山地区，陕西关中平原。暖温带半湿润、半干旱季风气候。年平均气温11～14℃，年降水量500～700毫米，降水量一半以上都集中在夏季，冬季干旱。植被以中生和旱生森林灌木为主。淋溶程度不很强烈，有少量碳酸钙淀积。土壤呈中性、微碱性，矿物质、有机质积累较多，腐殖质层较厚，肥力较高。

褐土所分布的暖温带半干润季风区，具有较好的光热条件，多已垦为农地，适种多种旱作物，一般可以两年三熟或一年两熟，土层深厚，耕性良好，为所在地区的主要耕作土壤。由于土体深厚，土壤质地适中，广泛适种小麦（绝大部分为冬小麦）、玉米、甘薯、花生、棉花、烟草、苹果等粮食和经济作物。

9. 黑钙土

大兴安岭中南段山地的东西两侧，东北松嫩平原的中部和松花江、辽河的分水岭地区。温带半湿润大陆性气候。年平均气温-3~3℃，年降水量350~500毫米。植被为产草量最高的温带草原和草甸草原。腐殖质含量最为丰富，腐殖质层厚度大，土壤颜色以黑色为主，呈中性至微碱性，钙、镁、钾、钠等无机养分也较多，土壤肥力高。

在中国，黑钙土地区既有大面积的农地，又有辽阔而优质的天然草场，还是建设防护林的重点地区，具有发展种植业和林、牧业的基础和优势。就种植业而言，黑钙土是潜在肥力较高的土壤，有相当一部分适宜发展粮食和油料作物（如玉米、谷子、小麦、向日葵和甜菜等），尤其是小麦，产量高。

10. 栗钙土

内蒙古高原东部和中部的广大草原地区，是钙层土中分布最广、面积最大的土类。温带半干旱大陆性气候。年平均气温-2~6℃，年降水量250~350毫米。草场为典型的干草原，生长不如在黑钙土区茂密。腐殖质积累程度比黑钙土弱些，但也相当丰富，厚度也较大，土壤颜色为栗色。土壤呈弱碱性，局部地区有碱化现象。土壤质地以细砂和粉砂为主，区内沙化现象比较严重。

栗钙土适合种植的农作物以耐寒作物为主，主要为小麦、燕麦、豆类、马铃薯、芝麻等；无霜期较长的地区还种植糜子、谷子、玉米和高粱。

11. 棕钙土

内蒙古高原的中西部、鄂尔多斯高原、新疆准噶尔盆地的北部、塔里木盆地的外缘，是钙层土中最干旱并向荒漠地带过渡的一种土壤。气候比栗钙土地区更干，大陆性更强。年平均气温2~7℃，年降水量150~250毫米，没有灌溉就不能种植庄稼。植被为荒漠草原和草原化荒漠。腐殖质的积累是钙层土中最少的，腐殖质层厚度也是最小的，土壤颜色以棕色为主，土壤呈碱性，地面普遍多砾石和砂砾，并逐渐向荒漠土过渡。

棕钙土地区光热资源丰富，但水资源稀缺，不能从事雨养农业，有灌溉条件的可以发展农业，适合种植一些耐旱的农作物，如谷子、糜子、高粱、芝麻、花生、荞麦、蓖麻、向日葵、甘薯、玉米、小麦、柑橘、桃、樱桃、大蒜、胡萝卜、板栗、柿、枣、马铃薯等，具体选用什么作物，要根据当地的自然环境和土质来决定。棕钙土地区虽有少量农田，但产量低且不稳定，目前主要是我国西北的天然放牧场，牧养羊、驼。

12. 黑垆土

陕西北部、宁夏南部、甘肃东部等黄土高原上土壤侵蚀较轻、地形较平坦的黄土塬区。暖温带半干旱、半湿润气候。年平均气温8~10℃，年降水量300~500毫米，与黑钙土地区差不多，但由于气温较高，相对湿度较小。由黄土母质形成，植被与栗钙土地区相似。绝大部分都已被开垦为农田。腐殖质的积累和有机质含量不高，腐殖质层的颜色上下差别比较大，上半段为黄棕灰色，下半段为灰带褐色。

黑垆土的腐殖质层深厚，适耕性又较强，目前全部为耕种土壤。黑垆土适合种植的农作物有很多，主要有小麦、糜子、谷子、豆类和玉米。

13. 荒漠土

内蒙古、甘肃的西部，新疆的大部，青海的柴达木盆地等地区，面积很大，约占全国总面积的1/5。温带大陆性干旱气候。年降水量大部分地区不到100毫米。植被稀少，以非常耐旱的肉汁半灌木为主。土壤基本上没有明显的腐殖质层，土质疏松，缺少水分，土壤剖面几乎全是砂砾，碳酸钙表聚，石膏和盐分聚积多，土壤发育程度差。

荒漠土适合种植的农作物应该是耐旱的，如谷子、玉米、高粱、花生等。适合的果树种类不多，常见的有沙棘、黑枸杞、枣、葡萄、核桃、杏、苹果、无花果等。

14. 高山草甸土

青藏高原东部和东南部，在阿尔泰山、准噶尔盆地以西山地和天山山脉。气候温凉而较湿润，年平均气温为-2~1℃，年降水量400毫米左右。高山草甸植被。剖面由草皮层、腐殖质层、过渡层和母质层组成。土层薄，土壤冻结期长，通气不良，土壤呈中性。

高山草甸土可作天然牧场。在亚高山带的部分地区配以防寒和肥水管理措施后可开垦为旱作农田，适合种植青稞、油菜等耐寒作物。

15. 高山漠土

藏北高原的西北部、昆仑山脉和帕米尔高原。气候干燥而寒冷，年平均气温-10℃左右，冬季最低气温可达-40℃，年降水量低于100毫米。植被的覆盖度不足10%。土层薄、石砾多、细土少，有机质含量很低，土壤发育程度差，呈碱性。

高山漠土甚少利用，基本上没有利用，仅在接近高山草原土带的低洼地段，积水后水、草有所增加，但适宜性窄，只宜牧养山羊和绵羊。

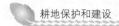

（四）土壤与耕地的关系

耕地是由自然土壤发育而成的，但并非任何土壤都可以发育成为耕地。能够形成耕地的土壤需要具备可供农作物生长、发育、成熟的自然环境。

（1）必须有平坦的地形，或者在坡度较大的条件下能够修筑梯田而又不至于引起水土流失，一般超过 25°的陡地不宜发展成耕地。

（2）必须有相当深厚的土壤，以满足储藏水分、养分，供农作物根系生长发育的需要。

（3）必须有适宜的温度和水分，以满足农作物生长发育成熟对热量和水量的要求。

（4）必须有一定的抗拒自然灾害的能力。

（5）必须达到在选择种植最佳农作物后，所获得的劳动产品收益，能够大于劳动投入，取得一定的经济效益。

凡具备上述条件的土壤，经过人们的劳动可以发展成为耕地。这类土壤称为耕地资源。

第二节　我国耕地现状及保护

一、我国耕地现状

（一）耕地占国土面积比重小

成为耕地，需要具备一定的自然条件，如较平坦的地形、一定厚度的土壤、适宜的气温和水分等。我国地形复杂多样，山区面积大，平原面积小，耕地面积占国土面积比重较小。2022 年我国耕地面积约占陆地面积的 13.3%。

（二）耕地资源总量大，人均少

我国耕地面积仅次于印度、美国，居世界第三位，但人均耕地面积仅为 1.38 亩，不到世界平均水平的 40%，在有统计的世界各国家中排名第 133 位，属于人均耕地面积相对较小的国家。

不少省份的人均耕地面积低于联合国粮食及农业组织（FAO）确定的 0.05 公顷耕地警戒线。在全世界 27 个人口 5 000 万以上的国家中，我国的人均耕地面积居后几位。人多地少是我国的基本国情。因此，我国将"十分珍惜、合理利用土地和切实保护耕地"作为一项基本国策。

（三）耕地资源分布不均

从总体看，我国约 90% 的耕地分布在东部季风区，即 400 毫米等降水量线以东的湿润、半湿润地区。从耕地类型看，93% 的水田分布在秦岭—淮河一线以南地区，85% 的旱地和水浇地分布在秦岭—淮河一线以北地区。从耕地灌溉条件看，我国有灌溉设施的耕地占 45.1%，无灌溉设施的耕地占 54.9%。

另外，水资源与耕地资源空间分布不匹配也是造成我国耕地质量不高的重要原因。长江以南地区的耕地约占全国的 38%，但水资源却占全国的 80% 左右。

（四）耕地质量总体不高

耕地的生产能力是耕地质量的核心，土壤肥力是耕地质量的基础。耕地质量的变化受自然因素和人为因素的影响。农业农村部发布的《2019 年全国耕地质量等级情况公报》将我国耕地划分为 10 个等级。全国耕地平均质量等级为 4.76 等，1~3 等的耕地面积占耕地总面积的 31.24%；4~6 等的耕地面积占耕地总面积的 46.81%；7~10 等的耕地面积占耕地总面积的 21.95%。

（五）耕地后备资源有限

耕地后备资源是指自然条件较好但尚未被开垦的宜耕土地，它是仅次于耕地的优质土地资源。据调查，我国除沙漠、戈壁、石山、高寒荒漠等难以利用的土地外，真正未利用的荒地很少。

全国后备土地资源总量约 1 亿公顷，其中，可供开垦种植农作物的只有 1 300 多万公顷。而且，这些宜耕土地大多是现有的天然草场和疏林地，它们是我国重要的生态建设用地，又主要分布在东北、西北等边远地区。若按垦殖率为 60% 进行计算，全国耕地最大潜在增量不足 800 万公顷。

二、耕地保护中存在的主要问题

（一）耕地占补平衡措施落实不到位

"占一补一、占优补优、占水田补水田"的耕地占补平衡制度难以落实，占优补劣的现象仍存在；已找回的耕地仅找回耕地数量，未找回耕地质量，有些采用建筑渣土作为复耕土，土质难以满足耕种需要；部分已找回耕地复绿后长期闲置，耕地提质改造工作有待加强。

（二）存在"以租代征"现象

随着城市化的迅速推进，为解决土地指标紧缺问题，部分地区采用"以租代征"方式，用耕地修建公园、道路、水利设施等公益设施，少数甚至用于企业生产，规避了农用地转用审批手续和征收集体土地手续。部分被"租用"的基本农田已无法恢复耕种，严重影响耕地保护目标的实现。

（三）耕地"非农化""非粮化"逐步退出难度大

2020 年以来，国务院办公厅多次提出坚决制止耕地"非农化"和防止耕地"非粮化"的要求，但耕地"非粮化"存量是长期累积的结果，成因复杂，处置难点多、风险大、成本高，部分耕地流转后用于树木绿化、苗木花卉种植、经果林种植、渔业养殖等林果业和养殖业，逐步退出难度大。

（四）永久基本农田的功能性破坏不容忽视

存在部分永久基本农田位于生态保护红线、饮用水源地一级保护区、公园、湿地等不适宜粮食耕种区域的现象。且城区周边的永久基本农田大多无农业种植，长期荒废，部分农田已被破坏，耕地质量安全存在隐患。

三、耕地保护的意义及内涵

（一）耕地保护的意义

1. 耕地保护是粮食安全的基础

粮食是国家的重要经济命脉，保障人民的口粮安全是国家政策的重点，耕地是粮食生产的基础。随着人口的不断增长，农业生产对于耕地的依赖程度也越来越高。如果没有切实有效的耕地保护，粮食供应将无法保障，将极大地影响人民的生活质量和国家的稳定发展。

2. 耕地保护能够保障生态系统的稳定

耕地生态系统是农业生产的重要组成部分，它们之间相互关联，共同构成了一个生态系统。耕地保护可增强生态系统的稳定性，可以防止在种植和培育过程中使用的农药、化肥等对环境产生负面的影响，为农业生产提供更好的土壤、空气和水资源。

3. 耕地保护是实现可持续发展的必要条件

耕地保护是对土地的合理利用与保护，是实现可持续发展的必要条件。耕地保护是一个大型系统工程，需要与科学耕地、水土保持、农业水利等相互配合，才能发挥最好的效果。

（二）耕地保护的内涵

耕地是我国最为宝贵的资源，要像保护大熊猫一样保护耕地。2024 年中央一号文件提出，要健全耕地数量、质量、生态"三位一体"保护制度体系。与以往不同，新时期的耕地保护内涵更加丰富，主要体现在 3 个层面，即数量保护、质量保护及生态保护。

1. 数量保护

耕地的数量保护是指国家采取行政、经济、法律、技术等措施和手段，严格控制现有耕地数量不减少，如严格控制建设占用耕地和农业结构调整占用耕地、防止水土流失、减少自然灾害毁坏耕地等。它是耕地保护的基础，其内涵是确保数量不减少，它也是耕地保护工作的刚性指标和耕地保护工作最基本的要求。耕地数量变化的原因是耕地数量变化与可持续利用研究的核心，受自然、社会、经济、技术和历史等因素的影响，耕地数量的变化反映了社会、经济发展的基本态势。

2. 质量保护

耕地质量指的是构成耕地的各种自然因素和环境条件状况的总和，表现为耕地的生产能力、耕地的环境状况以及耕地的产品质量。我国实行耕地保护，确保粮食安全，其中耕地质量是影响粮食安全的内在因素。耕地的质量保护，是指国家采取行政、经济、法律、技术等措施和手段，优先保护高质量的耕地，并改造治理耕地中的限制因素，同时保证耕地在利用过程中质量不下降。

耕地质量保护实际上是保护区域耕地的生产力，不但要提高耕地的物质生产能力、提高土壤肥力，还应包括改善附着在耕地上的设施的状况，如改善水利设施、耕作条件、防护林设施和田间道路等，避免出现耕地水土流失、沙化等土地退化问题。

3. 生态保护

土地是环境的重要组成部分，保护土地尤其是保护耕地是保护环境的重要内容。保护耕地生态环境又是保护耕地的前提，耕地环境保护的对象是退化耕地和潜在的退化耕地，其表现形式多种多样。耕地的生态保护就是采取行政、经济、法律和技术等措施和手段，治理已经退化的耕地，恢复其功能，防止具有潜在风险的耕地发生退化，以防止耕地生态环境污染和破坏，合理利用耕地资源，并保持和发展生态平衡。"保护"包括保存、预防和治理三重含义。"保存"主要是存在形式的保留，这是对存量耕地中未退化的耕地而言的；"预防"是消除耕地发生退化的可能性和使已退化耕地继续发生退化的各种因素的活动；"治理"是对已退化的耕地所进行的建设性改造，包括对质量较差的耕地（如中低产田）施以改良措施，使其质量不断提高的过程。对未退化的耕地而言，保护的目的是改善其性状并使其具有可持续利用的能力；对已退化的耕地而言，保护的目的是消除其不良性状，恢复其良好的生产条件和提高其生产力或生产潜力。

第三节　耕地保护法律制度

一、《耕地保护法（草案）》

目前，我国没有正式颁布一部专门的耕地保护法。2022年9月5日，自然资源部公布了《耕地保护法（草案）》（征求意见稿），公开征求意见。该草案共10章72条，明确耕地保护基本原则、耕地保护在国土空间规划中的优先序、永久基本农田划定和保护要求、耕地转为其他农用地和建设占用耕地管控、耕地质量、耕地生态、监督管理等方面的主要制度。

二、《中华人民共和国土地管理法》

2019年修订的《中华人民共和国土地管理法》对耕地保护作出了规定。其第三条、第三十条、第三十七条、第七十五条具体如下。

第三条　十分珍惜、合理利用土地和切实保护耕地是我国的基本国策。各级人民政府应当采取措施，全面规划，严格管理，保护、开发土地资源，制止非法占用土地的行为。

第三十条 国家保护耕地，严格控制耕地转为非耕地。

国家实行占用耕地补偿制度。非农业建设经批准占用耕地的，按照"占多少，垦多少"的原则，由占用耕地的单位负责开垦与所占用耕地的数量和质量相当的耕地；没有条件开垦或者开垦的耕地不符合要求的，应当按照省、自治区、直辖市的规定缴纳耕地开垦费，专款用于开垦新的耕地。

省、自治区、直辖市人民政府应当制定开垦耕地计划，监督占用耕地的单位按照计划开垦耕地或者按照计划组织开垦耕地，并进行验收。

第三十七条 非农业建设必须节约使用土地，可以利用荒地的，不得占用耕地；可以利用劣地的，不得占用好地。

禁止占用耕地建窑、建坟或者擅自在耕地上建房、挖砂、采石、采矿、取土等。

禁止占用永久基本农田发展林果业和挖塘养鱼。

第七十五条 违反本法规定，占用耕地建窑、建坟或者擅自在耕地上建房、挖砂、采石、采矿、取土等，破坏种植条件的，或者因开发土地造成土地荒漠化、盐渍化的，由县级以上人民政府自然资源主管部门、农业农村主管部门等按照职责责令限期改正或者治理，可以并处罚款；构成犯罪的，依法追究刑事责任。

三、《自然资源部 农业农村部关于加强和改进永久基本农田保护工作的通知》

2019 年 1 月 3 日，自然资源部、农业农村部发布了《自然资源部 农业农村部关于加强和改进永久基本农田保护工作的通知》，对加强和改进永久基本农田保护工作提出了一些意见。

坚持最严格的耕地保护制度和最严格的节约用地制度，落实"藏粮于地、藏粮于技"战略，以确保国家粮食安全和农产品质量安全为目标，加强耕地数量、质量、生态"三位一体"保护，构建保护有力、集约高效、监管严格的永久基本农田特殊保护新格局，牢牢守住耕地红线。

　　地方各级政府主要负责人要承担起耕地保护第一责任人的责任。

　　依法处置违法违规建设占用问题。对各类未经批准或不符合规定要求的建设项目、临时用地、农村基础设施、设施农用地，以及人工湿地、景观绿化工程等占用永久基本农田的，县级以上自然资源主管部门应依法依规严肃处理，责令限期恢复原种植条件。

　　对违法违规占用永久基本农田建窑、建房、建坟、挖沙、采石、采矿、取土、堆放固体废弃物或者从事其他活动破坏永久基本农田，毁坏种植条件的，按《中华人民共和国土地管理法》《中华人民共和国基本农田保护条例》等法律法规进行查处，构成犯罪的，依法移送司法机关追究刑事责任。

　　严格规范永久基本农田上农业生产活动。按照"尊重历史、因地制宜、农民受益、社会稳定、生态改善"的原则，在确保谷物基本自给和口粮绝对安全、确保粮食种植规模基本稳定、确保耕地耕层不破坏的前提下，对永久基本农田上农业生产活动有序规范引导，在永久基本农田数据库、国土调查中标注实际利用情况和管理信息，强化动态监督管理。

　　永久基本农田不得种植杨树、桉树、构树等林木，不得种植草坪、草皮等用于绿化装饰的植物，不得种植其他破坏耕层的植物。《自然资源部　农业农村部关于加强和改进永久基本农田保护工作的通知》印发前，已经种植的，由县级自然资源主管部门和农业农村主管部门根据农业生产现状和对耕层的影响程度组织认定，能恢复粮食作物生产的，5 年内恢复；确实不能恢复的，在核实整改工作中调出永久基本农田，并按要求补划。

四、《自然资源部 农业农村部关于农村乱占耕地建房"八不准"的通知》

2020 年 7 月底，自然资源部、农业农村部印发《自然资源部 农业农村部关于农村乱占耕地建房"八不准"的通知》，提出农村乱占耕地建房"八不准"。

（1）不准占用永久基本农田建房。

（2）不准强占多占耕地建房。

（3）不准买卖、流转耕地违法建房。

（4）不准在承包耕地上违法建房。

（5）不准巧立名目违法占用耕地建房。

（6）不准违反"一户一宅"规定占用耕地建房。

（7）不准非法出售占用耕地建的房屋。

（8）不准违法审批占用耕地建房。

五、《国务院办公厅关于坚决制止耕地"非农化"行为的通知》

2020 年 9 月 10 日，国务院办公厅印发《国务院办公厅关于坚决制止耕地"非农化"行为的通知》，提出耕地保护"六个严禁"。

（1）严禁违规占用耕地绿化造林。

（2）严禁超标准建设绿色通道。

（3）严禁违规占用耕地挖湖造景。

（4）严禁占用永久基本农田扩大自然保护地。

（5）严禁违规占用耕地从事非农建设。

（6）严禁违法违规批地用地。

六、《国务院办公厅关于防止耕地"非粮化"稳定粮食生产的意见》

2020 年 11 月 4 日，国务院办公厅印发《国务院办公厅关于防止耕地"非粮化"稳定粮食生产的意见》，提出防止耕地"非粮化"的具体意见。

防止耕地"非粮化"，切实稳定粮食生产，牢牢守住国家粮食安全的生命线。

耕地是粮食生产的根基。我国耕地总量少，质量总体不高，后备资源不足，水热资源空间分布不匹配，确保国家粮食安全，必须处理好发展粮食生产和发挥比较效益的关系，不能单纯以经济效益决定耕地用途，必须将有限的耕地资源优先用于粮食生产。实施最严格的耕地保护制度，科学合理利用耕地资源，防止耕地"非粮化"，切实提高保障国家粮食安全和重要农产品有效供给水平。

对耕地实行特殊保护和用途管制，严格控制耕地转为林地、园地等其他类型农用地。永久基本农田是依法划定的优质耕地，要重点用于发展粮食生产，特别是保障水稻、小麦、玉米三大谷物的种植面积。一般耕地应主要用于粮食和棉、油、糖、蔬菜等农产品及饲草饲料生产。

引导农作物一年两熟以上的粮食生产功能区至少生产一季粮食，种植非粮作物的要在一季后能够恢复粮食生产。不得擅自调整粮食生产功能区，不得违规在粮食生产功能区内建设种植和养殖设施，不得违规将粮食生产功能区纳入退耕还林还草范围，不得在粮食生产功能区内超标准建设农田林网。

七、《自然资源部 农业农村部 国家林业和草原局关于严格耕地用途管制有关问题的通知》

2021年11月27日，自然资源部、农业农村部、国家林业和草原局印发《自然资源部 农业农村部 国家林业和草原局关于严格耕地用途管制有关问题的通知》，严格耕地用途管制，具体如下。

（1）不得在一般耕地上挖湖造景、种植草皮。

（2）不得在国家批准的生态退耕规划和计划外擅自扩大退耕还林还草还湿还湖规模。

（3）不得违规超标准在铁路、公路等用地红线外，以及河渠两侧、水库周边占用一般耕地种树建设绿化带。

（4）未经批准不得占用一般耕地实施国土绿化。

（5）未经批准工商企业等社会资本不得将通过流转获得土地经营权的一般耕地转为林地、园地等其他农用地。

另外，严格控制新增农村道路、畜禽养殖设施、水产养殖设施和破坏耕层的种植业设施等农业设施使用一般耕地，确需使用的，应经批准并符合相关标准。

八、《自然资源部关于在经济发展用地要素保障工作中严守底线的通知》

2023年6月13日，自然资源部印发《自然资源部关于在经济发展用地要素保障工作中严守底线的通知》，对落实永久基本农田特殊保护要求、规范耕地占补平衡、稳妥有序落实耕地进出平衡等进行了要求。

1. 落实永久基本农田特殊保护要求

永久基本农田一经划定，任何组织和个人不得擅自占用或者改变用途。确需占用的，应符合《中华人民共和国土地管理法》关于重大建设项目范围的规定，并按要求做好占用补划审查论证，补划的永久基本农田必须是可以长期稳定利用的耕地。严禁超出法律规定批准占用永久基本农田；严禁通过擅自调整国土空间规划等方式规避永久基本农田农用地转用或者土地征收审批。

2. 规范耕地占补平衡

实施补充耕地项目，应当依据国土空间规划和生态环境保护要求，禁止在生态保护红线、林地管理、湿地、河道湖区等范围开垦耕地；禁止在严重沙化、水土流失严重、生态脆弱、污染严重难以恢复等区域开垦耕地；禁止在25°以上陡坡地、重要水源地15°以上坡地开垦耕地。对于坡度大于15°的区域，原则上不得新立项实施补充耕地项目，根据农业生产需要和农民群众意愿确需开垦的，应经县级论证评估、省级复核认定具备稳定耕种条件后方可实施。对于主要以抽取地下水方式灌溉的区域，不得实施垦造水田项目。未利用地开垦应限定在基于第三次全国国土调查成果开展的新一轮全国耕地后备资源调查评价确定的宜耕后备资源范围内实施；如实施大型水利工程后宜耕后备资源范围扩大的，可一事一议，由省级报部申请调整。因数字高程模型（DEM）现势性不够等技术原因或因实施土地整治、生态修复，项目地块实际坡度与坡度图结果不一致的，按《第三次全国国土调查技术问答（第三批）》有关要求处理。

各地要坚持以补定占，根据补充耕地能力，统筹安排占用耕地项目建设时序。落实补充耕地任务，要坚持"以县域自行平衡为主、省域内调剂为辅、国家适度统筹为补充"的原则，立足县域内自行挖潜补充，坚决纠正平原占用、山区补充的行为；确因后备资源匮乏需要在省域内进行调剂补充的，原则上应为省级以上重大建设项目。省级自然资源主管部门要加强补充耕地资源集中开发和指标统筹使用，坚决纠正和防范地方与社会资本在利益驱动下单纯追求补充耕地指标、不顾立地条件强行开发的行为；要严格规范省域内补充耕地指标调剂管理，实行公开透明规范调剂，将补充耕地指标统一纳入省级管理平台，进一步规范调剂程序，合理确定调剂经济补偿水平，严格管控调剂规模。

3. 稳妥有序落实耕地进出平衡

严格控制耕地转为林地、园地、草地等其他农用地，农业结构调整等确需转变耕地用途的，严格落实年度耕地进出平衡。水库淹没区占用耕地的，用地报批前应当先行落实耕地进出平衡。各地要综合考虑坡度、光热水土条件、农业生产配套设施情况、现状种植农作物生长周期和市场经济状况、农民意愿、经济成本等因素，系统谋划农业结构调整、进出平衡的空间布局和时序安排，有计划、有节奏、分类别、分区域逐步推动耕地调入。耕地调入后，应通过农民个人或集体经济组织耕种、依法依规流转进行规模化经营等方式，提高耕地长期稳定利用的能力。要巩固退耕还林成果，严禁脱离实际、不顾农业生产条件和生态环境强行将陡坡耕地调入；严禁不顾果树处于盛果期、林木处于生长期、鱼塘处于收获季等客观实际，强行拔苗砍树、填坑平塘；严禁只强调账面上落实耕地进出平衡，不顾后期耕作利用情况，造成耕地再次流失。

九、《中华人民共和国粮食安全保障法》

2023 年 12 月 29 日，第十四届全国人民代表大会常务委员会第七次会议通过《中华人民共和国粮食安全保障法》，其第二章（第十条至第十七条）对耕地保护进行了规定，具体如下。

第十条 国家实施国土空间规划下的国土空间用途管制，统筹布局农业、生态、城镇等功能空间，划定落实耕地和永久基本农田保护红线、生态保护红线和城镇开发边界，严格保护耕地。

国务院确定省、自治区、直辖市人民政府耕地和永久基本农田保护任务。县级以上地方人民政府应当确保本行政区域内耕地和永久基本农田总量不减少、质量有提高。

国家建立耕地保护补偿制度，调动耕地保护责任主体保护耕地的积极性。

第十一条 国家实行占用耕地补偿制度，严格控制各类占用耕地行为；确需占用耕地的，应当依法落实补充耕地责任，补充与所占用耕地数量相等、质量相当的耕地。

省、自治区、直辖市人民政府应当组织本级人民政府自然资源主管部门、农业农村主管部门对补充耕地的数量进行认定、对补充耕地的质量进行验收，并加强耕地质量跟踪评价。

第十二条 国家严格控制耕地转为林地、草地、园地等其他农用地。禁止违规占用耕地绿化造林、挖湖造景等行为。禁止在国家批准的退耕还林还草计划外擅自扩大退耕范围。

第十三条 耕地应当主要用于粮食和棉、油、糖、蔬菜等农产品及饲草饲料生产。县级以上地方人民政府应当根据粮食和重要农产品保供目标任务，加强耕地种植用途管控，落实耕地利用优先序，调整优化种植结构。具体办法由国务院农业农村主管部门制定。

县级以上地方人民政府农业农村主管部门应当加强耕地种植用途管控日常监督。村民委员会、农村集体经济组织发现违反耕地种植用途管控要求行为的，应当及时向乡镇人民政府或者县级人民政府农业农村主管部门报告。

第十四条 国家建立严格的耕地质量保护制度，加强高标准农田建设，按照量质并重、系统推进、永续利用的要求，坚持政府主导与社会参与、统筹规划与分步实施、用养结合与建管并重的原则，健全完善多元投入保障机制，提高建设标准和质量。

第十五条 县级以上人民政府应当建立耕地质量和种植用途监测网络，开展耕地质量调查和监测评价，采取土壤改良、地力培肥、治理修复等措施，提高中低产田产能，治理退化耕地，加强大中型灌区建设与改造，提升耕地质量。

国家建立黑土地保护制度，保护黑土地的优良生产能力。

国家建立健全耕地轮作休耕制度，鼓励农作物秸秆科学还田，加强农田防护林建设；支持推广绿色、高效粮食生产技术，促进生态环境改善和资源永续利用。

第十六条 县级以上地方人民政府应当因地制宜、分类推进撂荒地治理，采取措施引导复耕。家庭承包的发包方可以依法通过组织代耕代种等形式将撂荒地用于农业生产。

第十七条 国家推动盐碱地综合利用，制定相关规划和支持政策，鼓励和引导社会资本投入，挖掘盐碱地开发利用潜力，分区分类开展盐碱耕地治理改良，加快选育耐盐碱特色品种，推广改良盐碱地有效做法，遏制耕地盐碱化趋势。

第二章　退化耕地治理

第一节　耕地退化概念及形式

一、耕地退化概念

耕地退化是指由于人类活动或自然因素导致的耕地质量和生产能力下降的过程。耕地退化的原因主要包括自然力和人类活动两个方面。降雨、风力、洪水、地震等自然灾害会对耕地造成破坏，而过度开垦、过度放牧、过度使用化肥和农药、土地污染、森林砍伐等人类活动也是导致耕地退化的重要因素。

二、土壤退化形式

耕地退化主要表现为土壤侵蚀、土地沙化、土壤盐碱化、土壤污染和土壤肥力下降等形式。这些退化形式相互作用，导致耕地生产力的下降，甚至完全丧失，对人类社会和生态环境产生深远影响。

（一）土壤侵蚀

土壤侵蚀是耕地退化的重要表现之一。它主要是降雨、风力等自然力以及不合理的土地利用方式导致的。在降雨过程中，雨滴对土壤表面产生冲刷作用，导致土壤颗粒被搬运走。在风力作用下，土壤颗粒被风吹起并搬运到其他地方。这些过程都会导致

土壤层变薄，土壤肥力下降，从而影响农作物的生长和产量。

（二）土地沙化

土地沙化是干旱和半干旱地区耕地退化的主要表现之一。由于植被破坏、水土流失和风力侵蚀等作用，原本肥沃的土地逐渐变为沙地或沙丘。土地沙化会导致土壤贫瘠，农作物生长受到严重影响，甚至无法存活。此外，土地沙化还会加剧沙尘暴等自然灾害的发生频率和强度，对人们的生产和生活造成威胁。

（三）土壤盐碱化

土壤盐碱化是不合理的灌溉、排水不畅或地下水位上升等原因导致的。在灌溉过程中，灌溉方式不合理或排水系统不完善，会导致地下水位上升，土壤中的盐分积累过多。高盐度会抑制植物的生长，导致农作物减产甚至绝收。此外，土壤次生盐碱化还会破坏土壤结构，降低土壤保水保肥能力，加剧水资源的浪费和水危机。

（四）土壤污染

土壤污染是耕地退化的另一个重要表现。随着工业化和城市化的快速发展，大量的工业废水、废气以及城市垃圾等污染物进入土壤，对土壤造成严重的污染。这些污染物含有重金属、放射性物质等，它们会破坏土壤结构，降低土壤肥力，并对植物和动物有毒害作用。土壤污染不仅影响农作物的生长和产量，还会通过食物链进入人体，对人类健康构成威胁。

（五）土壤肥力下降

土壤肥力下降是耕地退化的核心问题之一。长期的不合理耕作、有机物质缺乏补充以及土壤微生物的破坏等，导致土壤中的养分含量减少，土壤维持植物生长的能力降低。此外，过度使用化肥和农药也会破坏土壤结构，降低土壤肥力。土壤肥力下降会直接影响农作物的生长和产量，导致农产品质量下降，威胁全球食物安全。

第二节　退化耕地治理措施

一、耕地酸化的治理

（一）耕地酸化的原因

1. 长期施肥不当

大部分地区农民施用各类氮肥，氮肥会在土壤中转化成硝酸盐，硝酸盐流失会把土壤中大量的钙、镁等离子带走，进而导致土壤酸化，所以过量施肥，特别是过量施用氮肥是造成土壤酸化的主要原因。

2. 有机肥和微生物菌肥施用少

有机肥的施入不足，会影响微生物的数量和活性，尤其是对于大田作物来说，有机肥的缺失会使土壤中腐殖质含量锐减，阻碍团粒结构的形成，同时减弱土壤的缓冲能力，加重土壤酸化，严重降低土壤肥力。

3. 长期种植农作物消耗土壤养分

随着农业技术的不断发展，农作物产量不断增长，农民为追求产量，过度消耗土壤养分，又不采取相应措施及时对土壤进行调节，导致土壤肥力逐年下降，引起土壤酸化。

4. 工业污染造成酸雨影响耕地

工业产生的废气以及煤炭、天然气、石油燃烧，汽车尾气排放等产生的气体，遇水溶解并发生化学反应形成硫酸、硝酸，之后随雨水降落，我国南方土壤本来就多呈酸性，再加上酸雨冲刷，耕地酸化的过程更快。

（二）耕地酸化的危害

1. 影响根系吸收养分，抑制农作物生长

一方面，土壤酸化会引起土壤板结，板结土壤变硬、缺氧，结构遭到破坏，从而导致农作物根系在土壤中的伸展受到严重阻碍，难以正常发育；另一方面，土壤酸化还会加速土壤盐基离子的流失，使土壤肥力下降，导致农作物减产，影响农作物品质。

2. 影响土壤微生物种群

土壤酸化会使土壤有益微生物数量减少，抑制有益微生物的生长和活动，使土壤微生物产生作用的能力下降。同时，酸化的土壤环境会使肥料利用率大大降低，农作物抗病能力弱，进而导致农民投入成本增多。

3. 加剧农作物毒害，威胁生态平衡

酸化土壤易滋生致病真菌，造成植物病害加剧、病害频发，严重时会造成大面积死苗，使植物多样性和土壤微生物多样性降低。此外，土壤酸化使土壤中重金属的活性增加，通过植物吸收，重金属进入食物链，极有可能危害人体健康。

（三）耕地酸化治理的有效措施

1. 施用石灰

石灰是碱性物质，施入酸性土壤中能够中和土壤的酸性，调节土壤 pH 值。酸性土壤含游离铁、铝多，石灰不仅可以补充土壤钙，为农作物提供易吸收的营养，而且能使土壤胶体凝聚而成稳定结构，从而改善土壤的水分和通气状况。值得指出的是，施用石灰时应注意用量，否则会导致土壤板结，在用石灰改良酸性土壤时可适当增施有机肥。

2. 利用微生物改良

酸化土壤环境中有益菌和有害菌比例失调，容易造成农作物病害严重。可以在土壤中施用微生物肥料，使其分解出大量的生物酶，从而减少酸性物质的形成，并且可以增加其他有益养分。有益微生物在土壤中活动时可以疏松土壤，并且能活化土壤中被固定的养分，使已经酸化的板结土壤得到一定的恢复。

3. 科学施肥

在种植农作物时要注意平衡施肥，补充农作物所需养分，保证农作物产量和品质。应对土壤养分进行测定，根据地力水平、气候和土壤实际情况等，科学地制订合理的肥料配方及用量。遵循"缺什么补什么"的原则，提高土壤肥力，更要注意不对土壤、水质造成污染，保持土壤养分循环，保障生态系统稳定性。

4. 采取轮作制度

连续种植同一种农作物容易增加特定养分的消耗速度，导致土壤酸化，还可能滋生各种病虫害。合理地开展轮作制度，将农作物按照生物学的特点和耕作制度进行分类种植，遵循能改进土壤结构、不相互传染病虫害的原则，将需肥特性不同、根系生长深度不同的蔬菜进行轮作，可有效减缓养分的消耗速度，形成积极的土壤微环境。

二、耕地盐碱化的治理

耕地盐碱化（土壤盐渍化）是指盐分不断向土壤表层聚积形成盐渍土的自然地质过程。

（一）耕地盐碱化的形成因素

耕地盐碱化形成的因素很多，包括自然因素和人为因素。

1. 自然因素

自然因素包括气候、地貌、地质等。

气候因素是形成耕地盐碱化的根本因素，如果没有强烈的蒸发作用，土壤表层就不会强烈积盐。在北温带半湿润大陆季风性气候区，降水量小，蒸发量大，溶解在水中的盐分容易在土壤表层积聚。

地貌因素特别是盆地、洼地等低洼地形有利于水、盐的汇集。例如，冲积平原的缓岗，地形较高，一般没有盐碱化威胁；冲积平原的微斜平地，排水不畅，土壤容易发生盐碱化，但一般程度较轻；而洼地及其边缘的坡地或微倾斜平地，则分布较多盐渍土。

地质因素主要反映在土壤母质上。含盐的母质有的是在某个地质历史时期积聚下来的盐分，形成古盐土、含盐地层、盐岩或盐层，在极端干旱的条件下盐分得以残留下来成为目前的残积盐土；还有含盐母质为滨海或盐湖的新沉积物，出露成为陆地而使土壤含盐。

2. 人为因素

造成我国盐碱地的人为因素很多，如排水不畅、缺乏完善的排水系统、缺乏完善的灌溉技术、耕作技术不当及长期使用咸水灌溉等。

耕地盐碱化不仅对农作物生长发育产生危害，而且使土壤物理性状恶化，提高地下水矿化度，使水变苦。同时，耕地盐碱化使大片土地荒芜，农耕地减少，土壤中水、肥等因素互不协调，影响农作物产量。

(二) 耕地盐碱化的危害

当土壤由于全盐含量过高而出现盐碱化情况的时候，农作物的生长就会发生异常，出现各种各样的不良症状。其实，土壤出现盐碱化现象不仅影响了农作物的生长，还对土壤的理化性状造成严重破坏。

1. 使土壤更加板结

当土壤中团粒结构减少时，土壤的通气性、透水性变差，土壤遇水变得黏结，干后会在地表出现大量裂痕。根系在这样的土

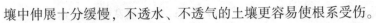

壤中伸展十分缓慢，不透水、不透气的土壤更容易使根系受伤。

2. 抑制农作物根系发育

在出现盐碱化的土壤中种植农作物，植株一般矮小、发育不良、叶色浓，严重时从叶片开始干枯或变褐色，向内或向外翻卷，根变褐色以至枯死。以黄瓜为例，当土壤全盐含量过高、土壤溶液盐浓度过高时，根系不能正常吸收水分，植株表现中午萎蔫、晚上恢复正常；当土壤出现盐碱化以后，黄瓜幼苗定植后难以成活、立苗困难；叶色浓绿，叶片边缘有波浪状的枯黄色斑痕，或叶片向外翻卷，呈伞状，变脆；严重时从叶片开始失水萎蔫，干枯变褐，根部发生褐变、枯死，整株凋萎死亡；严重时出现花打顶、果实变苦等现象。

3. 使土壤肥力下降

团粒结构需要腐殖质、矿质元素等物质按照一定的比例组合而成，当矿质元素远远高于腐殖质数量时团粒结构反而不易形成，导致土壤中矿质元素的含量很高但是肥力状态却很低。

(三) 耕地盐碱化的防治原则

防治耕地盐碱化的途径和措施很多，但综合防治最为有效，实践证明，实行综合防治必须遵循以下原则。

1. 以防为主、防治并重

在土壤没有次生盐渍化的地区，要全力预防。在已经发生次生盐渍化的灌区，在当前着重治理的过程中，同时采用防治措施，才能收到事半功倍的效果；得到治理以后，还要坚持以防为主，已经取得的改良效果才能得到巩固、提高。

2. 水利先行、综合治理

水既是土壤积盐或碱化的媒介，也是土壤脱盐或脱碱的动力。控制和调节土壤中水的运移是改良盐碱土的关键，土壤水的运动和平衡是受地表水、地下水和土壤水分蒸发所支配的，因此防治土壤盐碱化必须水利先行，通过水利改良措施达到控制地表水和地下水，使土壤中的下行水流大于上行水流，进而使土壤脱盐，并为采用其他改良措施开辟道路。

3. 统一规划、因地制宜

土壤水的运动是受地表水、地下水等所支配的。要解决好土壤水的问题，必须从流域着手，从建立有利的区域水盐平衡着手，对水土资源进行统一规划、综合平衡，合理安排地表水和地下水的开发利用，建立流域完整的排水、排盐系统。

4. 用改结合、脱盐培肥

盐碱地治理包括利用和改良两个方面，二者必须紧密结合。治理盐碱地的最终目的是获得高产稳产，把盐碱地变成良田。因此，必须从两个方面入手：一是脱盐去碱；二是培肥土壤。

5. 灌溉与排水相结合

充分考虑水资源承载力，实行总量控制，协同区域灌溉和排水需求，促进农业结构调整，实行灌溉与排水相结合。

实行灌溉洗盐和地下水位控制相结合，即实行灌溉洗盐，同时控制地下水位过高而引发新的次生盐碱化。

6. 近期和长期相结合

防治土壤次生盐碱化，必须制订统一的规划。采取的防治措施，一方面要有近期切实可行的内容，另一方面要有远期可预见的方向和目标。只有近期和远期相结合，土壤次生盐渍化防治才能取得成功。

（四）耕地盐碱化的防治措施

1. 改良水利

主要从灌溉、排水、放淤、种稻和防渗等几个关键管理入手。

2. 改良农业措施

从平整土地、改良耕作、施客土、施肥、播种、轮作、间作、套种等方面进行操作，加强农业管理，尽量合理化种植。

3. 生物改良

种植耐盐碱的植物，或者是种植牧草、绿肥、造林，尽可能地增加土壤中的有机质含量，改善土壤的理化性质。

4. 化学改良

采用化学改良的方法，见效相对较快，但是并不是长久之计。化学改良主要采用施入石膏、磷石膏、亚硫酸钙等化学物质来进行改良。

三、土壤酸碱度调节

绝大多数园林植物适宜中性至微酸性的土壤，然而在我国许多城市的园林绿地中，酸性和碱性土所占比例较大。一般来说，我国南方城市的土壤 pH 值偏低，北方偏高，所以，土壤酸碱度的调节是一项十分重要的土壤管理工作。

（一）土壤的酸化处理

土壤酸化处理是指对偏碱性的土壤进行必要的处理，使其 pH 值有所降低，满足喜酸性园林植物的生长需要。目前，土壤酸化主要通过施用释酸物质来调节，如施用生理酸性肥料、硫黄等，这些物质在土壤中转化，产生酸性物质，降低土壤的 pH 值。据试验，每亩施用 30 千克硫黄粉，可使土壤 pH 值从 8.0 降至 6.5 左右；硫黄粉的酸化效果较持久，但见效缓慢。对盆栽园林植物也可用 1∶50 的硫酸铝钾水溶液或 1∶180 的硫酸亚铁水溶液浇灌植株来降低盆栽土的 pH 值。

（二）土壤碱化处理

土壤碱化处理是指对偏酸的土壤进行必要的处理，使土壤 pH 值有所提高，满足一些喜碱性植物生长的需要。土壤碱化的常用方法是向土壤中施加石灰、草木灰等碱性物质，但以石灰应用较普遍。调节土壤酸度的石灰是农业上用的"农业石灰",即石灰石粉(碳酸钙粉)。使用时,石灰越细越好,这样可增加土壤内的离子交换强度,以达到调节土壤 pH 值的目的,生产上一般用 300~450 目(0.032~0.050 毫米)的较适宜。

四、土壤板结的治理

土壤板结是指土壤表层因缺乏有机质,结构不良,在灌水或降雨等外因作用下结构破坏、土粒分散,而干燥后受内聚力作用使土面变硬。

(一)土壤板结的原因

1. 土壤水分过多或过少

土壤水分过多或过少,都会导致土壤板结。过湿时,会使土壤团粒结构破坏,孔隙度下降,土壤透气性能变差,导致土壤中的微生物和植物根系生长受抑,容易引起土壤板结;水分过多还会导致土壤中的氧气不足,影响微生物的活性,从而使土壤有机质分解缓慢,养分流失严重而导致土壤板结。

2. 长期大水漫灌

长期大水漫灌或雨水多,但水都是直接入渗到土壤中的,没有经过土壤中微生物的分解,破坏了土壤团粒结构,造成土壤板结。特别是在春、夏季,雨水较多,土壤容易发生板结。

3. 化肥施用不当

不合理地施用化学肥料,导致土壤养分失衡,特别是过量施用铵态氮类肥料和钾肥,会引起土壤块状结构、团粒结构的破坏,最后导致土壤板结。此外,优质农家肥投入不足、秸秆还田量少、长期偏施化肥,使土壤中的腐殖质得不到及时补充,也会导致土壤有机质缺乏,进而引发土壤板结。

4. 有机质含量低

有机质在土壤结构中起着关键的胶结作用,能够促进土壤形成稳定的团粒结构。当土壤有机质含量降低时，土壤团粒结构会变得脆弱，受到外力作用时容易被破坏。此外，有机质含量降低还会使土壤孔隙度变小，土壤的通气和透水能力变差，导致水分和空气流通不畅。土壤生物活性也会随有机质含量的降低而下降，这将进一步削弱土壤的抗侵蚀能力和缓冲性能。这些因素共同作用，最终导致土壤板结。

5. 过量使用农药及除草剂

过量使用农药及除草剂，也是造成土壤板结的一个重要原因。农药及除草剂在土壤中分解时会形成毒性很强的有机酸，破坏土壤团粒结构，导致土壤板结。

（二）土壤板结的危害

1. 根系活力下降

在土壤板结的情况下，根系因缺氧而活力下降，不能正常发育，植物根部细胞呼吸减弱，而氮素等营养又多以离子态存在，吸收时要消耗细胞代谢产生的能量，呼吸减弱，能量供应不足，故影响养分的吸收。

2. 导致缺素症

缺素症有时并不一定就是因为土壤中缺少这种元素，而是因为土壤板结、土壤酸碱度不适宜或者是土壤水分供应不均衡等一系列问题引起的根系吸收能力下降。

（三）土壤板结的治理方法

1. 增施有机肥

增施有机肥既可以增加土壤有机质含量，改善土壤结构，又可以促进微生物代谢活动，增加土壤养分的分解转化和有机物质的积累。

2. 深耕深翻

深耕深翻可以打破犁底层，解决土壤板结问题，一般提倡每

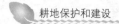
年深耕 1 次, 最多 2 年深耕 1 次。

3. 测土配方施肥

测土配方施肥是根据农作物高产对肥料需求情况和土壤养分状况而制订施肥方案。根据不同农作物和土壤条件施用肥料, 这样就可以避免肥料过量施用和农作物缺素症的发生。

4. 使用滴灌

大力推广滴灌技术不但可以节省人力、物力, 而且能节水、节肥、节药。滴灌的使用不但不会造成水分和养分的损失, 还能促进养分吸收。

5. 合理利用秸秆

秸秆还田是培肥地力、防治土壤板结的重要措施。

第三节　耕地质量提升

提升耕地质量重点在于"改、培、保、控"。

一、改良土壤

针对当前耕地中存在的土壤障碍因素, 如土壤侵蚀、酸化、盐渍化等, 采取有针对性的治理措施。首先, 通过水土保持工程和技术手段, 有效治理土壤侵蚀, 减少土壤流失。其次, 针对酸化、盐渍化土壤, 通过施加石灰、石膏等物质调节土壤酸碱度, 降低盐分含量, 从而改善土壤的理化性状。此外, 改进耕作方式, 如采用深松耕、免耕等保护性耕作技术, 打破犁底层, 加深耕层, 为农作物生长创造良好的土壤环境。

二、培肥地力

地力是耕地质量的核心。为了提升土壤肥力, 需要采取一系列培肥措施。首先，增施有机肥，如农家肥、畜禽粪便等，为土壤提供丰富的有机养分。其次，实施秸秆还田，将农作物秸秆还回田间，增加土壤有机质含量。此外，开展测土配方施肥，根据土壤养分状况和农作物需求，科学制订施肥方案，实现平衡施肥。通过粮豆间混套作、豆禾轮作、种植绿肥等措施，实现用地与养地相结合，持续提升土壤肥力。

三、保水保肥

耕地保水保肥能力是衡量耕地质量的重要指标。为了提升这一能力，需要采取相应措施。首先，通过深松耕等技术手段，打破犁底层，加深耕层，改善土壤通透性，增强土壤蓄水保肥能力。其次，推广保护性耕作技术，如免耕、少耕等，减少土壤扰动，保持土壤结构稳定，有利于水分和养分的保存。此外，通过建设农田水利工程，如灌溉渠系、排水沟等，实现农田水利化，提高耕地保水保肥能力。

四、控污修复

随着农业生产的快速发展，化肥、农药等农业投入品的使用量不断增加，给耕地带来了严重的污染压力。为了控制污染、修复受损耕地，需要采取以下措施。首先，控施化肥、农药，根据农作物需求和病虫害发生情况，科学制订施肥用药方案，减少不合理投入数量。其次，加强农业废弃物如畜禽粪便、农作物秸秆等的处理和利用，防止其对环境造成污染。此外，针对重金属和有机物污染问题，采取生物修复、化学修复等措施，降低污染物含量，修复受损耕地。

第三章　保护性耕作

第一节　保护性耕作基础知识

一、保护性耕作的概念

保护性耕作是减少水土流失的耕作方式。与传统的翻耕相比，保护性耕作的目的是保护土壤、水、能源。保护性耕作的注意事项如下。

（1）适宜的农作物：夏玉米、春玉米、麦类以及豆类、高粱、牧草、药材植物等。

（2）适用于干旱、半干旱地区，地面比较平整。

（3）采用良种，发芽率在95%以上，并经精选和药剂拌种或种子包衣。

（4）施用复合颗粒肥。

（5）密切注意病、虫、草害的防治。

二、保护性耕作的优势

在土壤侵蚀方面，开发免耕系统的最初目的是控制土壤侵蚀。只要农作物残茬或覆盖作物有足够的地表覆盖，免耕在控制侵蚀方面就相当有效。免耕与高残留耕作制度相结合，比传统耕作制度更能有效地控制土壤侵蚀。在棉花生产中，使用等高梯田能减少 50%~60% 的土壤侵蚀，而冬种作物采用免耕能减少 90% 的土壤侵蚀。与传统的翻耕系统相比，免耕还增加了水的入渗，减少了生长季降雨径流。

在土壤有机质含量等土壤质量参数方面，免耕制度在一段时间内增加了土壤表层附近土层的有机质含量。

在管理因素方面，免耕生产可以减少耕作劳动力的需求，以及减少季节杂草控制所需劳动力；从长远来看，免耕在机器方面总投资要少一些，动力要求更低，机器使用时间也更少，燃料需求更少，还有助于提高操作的及时性。

免耕制度在控制侵蚀的同时，允许继续使用集约种植制度。在大多数情况下，免耕并不会显著增加成本，而且对某些农作物来说成本可能更低。在不增加生产成本的情况下，控制侵蚀和提高产量的功能使免耕成为流域生态系统保护的一个理想选择。

第二节　保护性耕作技术

保护性耕作机械化技术主要包括秸秆覆盖还田技术，免耕、少耕施肥播种技术，杂草及病虫害防治技术，深松技术。

一、秸秆覆盖还田技术

（一）技术原理

秸秆覆盖还田技术指在农作物收获前，套播下茬作物，将秸秆粉碎或整秆直接均匀覆盖在地表，或在农作物秸秆覆盖后，进行下茬作物免耕直播，或将收获的秸秆覆盖到其他田块。秸秆覆盖还田有利于减少土壤风蚀和水蚀、减缓土壤退化，同时能够起到调节地温、减少土壤水分蒸发、抑制杂草生长、增加土壤有机质的作用，另外还能有效缓解茬口矛盾、节省劳力和能源、减少投入。覆盖还田一般分 5 种情况。①套播作物：如小麦、水稻、油菜、棉花等，在前茬作物收获前将下茬作物撒播田间，前茬作物收获时适当留高茬秸秆覆盖于地表。②直播作物：如小麦、玉米、豆类等。在播种后出苗前，将秸秆均匀覆盖于耕地土壤表面。③移栽作物：如油菜、甘薯、瓜类等，先将秸秆覆盖于地表，然后移栽。④夏播宽行作物：如棉花等，最后一次中耕除草施肥后再覆盖秸秆。⑤果树、茶桑等：将农作物秸秆移走，异地覆盖。

（二）工艺流程

1. 小麦秸秆全量覆盖还田种植玉米

分为套播和免耕直播两种方式。套播玉米主要技术流程：小麦播种（每 3 行预留 30 厘米的套种行）→小麦收获前 7~10 天玉米套种→小麦收获→秸秆粉碎均匀抛撒覆盖→玉米田间管理。免耕直播主要技术流程：收割机机收小麦→秸秆粉碎均匀抛撒覆盖→玉米免耕播种机播种玉米（或人工穴播）→撒施种肥和除草剂→玉米田间管理。

2. 水稻秸秆全量覆盖还田种植小麦

分为套播、免耕直播、零共生直播 3 种方式。套播小麦主要技术流程：水稻收获前 7~10 天套种小麦→水稻收获→秸秆粉碎均匀抛撒覆盖→撒施基肥→开沟覆土→小麦田间管理。免耕播种主要技术流程：收割机机收水稻→秸秆粉碎均匀抛撒覆盖→小麦免耕播种机播种小麦→撒施种肥和除草剂→小麦田间管理。零共生直播与套播相似，关键技术是采用加装小麦播种机的收割机收获水稻，主要技术流程：收割机机收水稻→加装的小麦播种机同步播种→秸秆粉碎均匀覆盖→基肥施用→开沟覆土→小麦田间管理。

3. 小麦/油菜秸秆全量还田水稻免耕栽培技术

主要技术流程：小麦/油菜收割前 7~15 天进行水稻撒种→

机收小麦/油菜，留高茬 30 厘米→秸秆粉碎抛撒还田→施足底肥→及时上水→水稻种植。

4. 早稻稻草覆盖免耕移栽晚稻

主要技术流程：早稻齐田面收割→将新鲜早稻草均匀撒于田间→水淹禾茬→施入基肥→手插移栽（将晚稻秧苗直接插在 4 蔸早稻禾茬的中央）或抛秧→2~3 天后撒施化学除草剂。

5. 玉米秸秆覆盖还田

玉米秸秆覆盖还田又可分为半耕整秆半覆盖、全耕整秆半覆盖、免耕整秆半覆盖、二元双覆盖、二元单覆盖等。半耕整秆半覆盖主要技术流程：人工收获玉米穗→割秆硬茬顺行覆盖（盖 70 厘米，留 70 厘米）→翌年早春在未覆盖行内施入底肥→机械翻耕→整平。在未覆盖行内紧靠秸秆两边种两行玉米。全耕整秆半覆盖主要技术流程：收获玉米→秸秆搂集至地边→机械翻耕土地→顺行铺整玉米秸秆（盖 70 厘米，留 70 厘米）→翌年早春施入底肥→在未覆盖行内紧靠秸秆两边种两行玉米。免耕整秆半覆盖主要技术流程：玉米收获→秸秆顺垄割倒或压倒，均匀铺在地表形成全覆盖→翌年春播前按行距宽窄将播种行内的秸秆搂（扒）到垄背上形成半覆盖→玉米种植。二元双覆盖主要技术流程：玉米收获→以 133 厘米为一带，整秆顺行铺放宽 66.5 厘米→翌年春天剩下的 66.5 厘米空地起垄盖地膜→膜上种两行玉米。二元单覆盖主要技术流程：玉米收获→在 133 厘米带内开沟铺秸秆→覆土越冬→翌年春季在铺埋秸秆的垄上覆盖地膜→膜上种两行玉米。

（三）技术要点

1. 小麦秸秆全量覆盖还田种植玉米技术要点

一是小麦机械化播种技术，采用"三密一稀"或"四八对垄"等方式，以便于玉米行间套种。二是玉米套种技术，一般采用人工点播器在麦行间套播玉米。这一方面杜绝了小麦秸秆田间焚烧的可能性；另一方面解决了大量小麦秸秆还田后的玉米播种难题。套种可为玉米多争取 7 天左右的生长期，麦收时玉米苗高度不足 2 厘米，只有 2~3 片叶，不怕机械碾压。三是小麦联合收割技术，采用联合收割机收获，配以秸秆粉碎及抛撒装置，实现小麦秸秆的全量还田，这是小麦秸秆全量还田的基本作业环节。

2. 水稻秸秆全量覆盖还田种植小麦技术要点

一是水稻收获技术。选择带秸秆切碎的收割机。使秸秆同步均匀抛撒于田面。二是小麦播种技术，在水稻收获前 7 天采用机械将小麦均匀抛撒于田间，或采用安装了播种装置的收割机，水稻收割、小麦播种、碎草匀铺同步进行，并实现小麦的半精量播种和扩幅条播。三是及时开沟，在田间以 2~2.5 米为距进行机械开沟，土壤向两侧均匀抛撒覆盖于稻草上，既有利于改善小麦苗期光照条件，提高其抗冻能力，又有利于防止小麦后期倒伏。

3. 小麦/油菜秸秆覆盖水稻种植技术要点

一是水稻种植技术，药剂浸种 48 小时，使种子吸足水分。小麦/油菜收获前 7~15 天，将稻种均匀撒播于田间，田头、地角适当增加播种量，提高出苗均匀度，播后用绳拉动植株，使稻种全部落地。二是小麦/油菜机械收获技术，留高茬 30 厘米左右，自然竖立田间，其余小麦（油菜）秸秆就近撒开或埋沟，任其自然腐解还田。

4. 早稻稻草覆盖免耕移栽晚稻技术要点

一是早稻收获技术，对禾茬尽量往下低割，一般以留禾茬 2 厘米为宜，有利于抑制早稻再生分蘖能力；同时将秸秆粉碎均匀铺撒田间。二是水淹禾茬技术，切断氧气，使禾茬迅速分解腐烂失去再生能力，要求低割后 12 小时以内灌水，水层要全面淹过所有禾茬，时间要持续 3~4 天。三是晚稻移栽技术，栽种时将秧苗从早稻禾茬行间插下。

5. 玉米秸秆覆盖还田技术要点

要注意覆盖或沟埋行与空行的宽度，可根据各地种植习惯和秸秆覆盖（沟埋）量适当调整，但要与耕作机械配套，以便于机械化作业。玉米整秆覆盖田苗期地温低、生长缓慢，第一次中耕要早、要深，在 4~5 叶期进行，深度为 10~15 厘米，以利于提高地温。

二、免耕、少耕施肥播种技术

免耕、少耕法主要以不使用铧式犁（有壁犁）耕翻和尽量减少耕作次数为主要特征，从尽量减少耕作次数发展到一定年限内免除一切耕作。

（一）播种处理

免耕播种是在地表有大量秸秆覆盖且在免耕条件下进行，地表作业条件复杂，又要同时完成施肥作业，对免耕播种机具的作业性能有较高的要求。免耕播种机具是保障该环节作业质量的关键。播种时应选用良种，发芽率要求在 90% 以上，纯净度要高，这就要求对农作物种子进行播前处理，提高种子对不良土壤和气候环境的抵御能力，从而提高田间发芽率和出苗率。生产上对种子的处理一般有种子精选、浸种、药剂或肥料拌种等。

1. 种子精选

作为免耕秸秆覆盖的农作物种子，必须在纯度及发芽率等方面符合种子质量的要求。一般种子纯度应该在 96% 以上，发芽率要求在 90% 以上，不能有麦芒等杂物存在，以免影响种子的流动。为了达到上述标准，播前应进行种子精选，剔除空瘪粒及病虫害粒。生产上可以用筛选、风选和液体比重选种等方法。

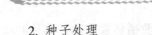

2. 种子处理

种子处理是采用各种有效措施，包括物理、化学、生物方法，以增强种子的活力，提高种子在地表平整度较差及免耕表层土壤容重较大等不利条件下的抵抗能力，并且杀死种子中的病虫害，以达到全苗和壮苗的目的。免耕地面留有覆盖物，地温较低，导致农作物播种与出苗推迟，而且覆盖的秸秆及残茬给病虫害提供了很好的栖息场所，易造成病虫害的蔓延，不利于农作物的高产与优质，故免耕覆盖后的农作物种子必须进行消毒处理。这在生产上是预防农作物病虫害的重要手段。例如，小麦上的锈病、腥黑穗病、秆黑粉病、叶枯病等，经过种子消毒可将其消灭在播种前。常用的消毒方法有以下 5 种。

（1）温汤浸种。用较高的温度杀死种子表面和潜伏在种子内部的病菌，并且可以促进种子的萌发。例如，对于小麦与大麦种子，可先用冷水浸 5~6 小时，然后放入 50℃ 左右的温水中不断搅动，10 分钟后取出，用冷水淋洗晾干后即可播种，这种方法可以有效杀死潜伏在种子中的散黑穗病菌。对于玉米种子，用 55℃ 温水浸种 5~6 小时，可以杀死种子表面的病菌。这种浸种方法应该根据不同农作物种子的生理特点，严格掌握浸种的时间和温度。

（2）石灰水浸种。利用石灰水膜将空气和水中的种子隔绝，使得附在种子上的病菌窒息死亡。用浓度为 1% 的石灰水浸种，水面高于种子 10~15 厘米，在 35℃ 下浸种 1 天，20℃ 下则需浸种 2~3 天。浸种后用清水洗净晾干即可播种。浸种时应注意不能破坏石灰水膜，以免空气进入而影响种子的杀菌效果。这种浸种方法可以有效杀死潜伏在大麦和小麦种子中的赤霉病、大麦条纹病和小麦散黑穗病的病原菌。

（3）药剂拌种。药剂拌种是用药剂来防治病虫害。不同农作物的种子所带的病菌不同，故处理时应该合理运用药物。严格掌握药剂的浓度和时间。药剂拌种可使种子表面附着一层药剂，不仅可以杀死种子内外的病原菌，播后还可以在一定时间内防止种子周围土壤中的病原菌对种苗的侵染。为了减少病虫的为害，生产上播种前应进行药剂拌种，拌种药剂和剂量应根据当地病虫害的具体情况选用。

（4）生长调节剂处理种子。在生产中往往有各种因素的干扰，如一定的水分、温度和湿度条件会影响种子的发芽，而生长调节剂就可以通过对种子内部的酶及激素的调控来减轻这些危害，从而提高种子的发芽、生根，达到苗齐、苗匀和苗壮的目标。在生产中常用的调节剂处理有赤霉素处理、生长素处理以及矮壮素处理等，在生产中可以根据不同的目标进行相应的操作，从而提高免耕覆盖下种子的发芽能力，达到苗齐、苗匀和苗壮的目标。

（5）种子包衣处理。将杀菌剂、杀虫剂、植物生长调节剂等物质包裹在种子的外面，提高种子的抗病性，加快发芽，促进出苗，增加产量和提高品质。研究表明，种衣剂能够减少小麦苗体的水分消耗，改善小麦体内的水分状况，有利于维持正常的代谢活性；减缓干旱条件下小麦叶片可溶性蛋白质和光合色素的降解，有助于光合作用的顺利进行；能够降低小麦苗体高度，促进根系的生长，有助于小麦增强对土壤水分的吸收能力；抑制超氧阴离子的产生和丙二醛的积累，降低小麦苗体的膜脂过氧化水平，延缓小麦叶片的衰老过程，使细胞膜机构趋于稳定。这项技术可以运用到小麦、玉米、大豆和棉花等农作物上。

（二）播种技术

播种技术是免耕覆盖的核心，也是保护性耕作的关键技术，播种的质量对于农作物的生长发育以及最终产量和品质的形成有很大影响。农作物的种类、气候和土壤条件强烈影响播种质量。与传统耕作不同，保护性耕作的种子和肥料要播施到有秸秆覆盖地里，必须使用特殊的免耕播种机。有无合适的免耕播种机是能否采用保护性耕作技术的关键。

免耕施肥播种的主要方式有两种。①直接施肥播种。用免耕播种机一次性完成开沟、播种、施肥、覆土、镇压等作业。②带状旋耕施肥播种。用带状旋耕播种施肥机一次性完成带状开沟、播种、施肥、覆土、镇压等作业。

播种的基本原则是尽可能地在适墒、足墒时下种，目的是确保播种质量，防止机播作业过程中出现的"黏、缠、堵、停"等现象的发生。在墒情合适的情况下，适期播种，以便争取光热资源，促进出苗、分蘖，尤其是在大量秸秆和残茬覆盖的情况下，秸秆直接影响土地吸收光热而导致低温。

播种深度总体而言宜浅不宜深，原则上应该控制在2~3厘米，最大不要超过4~5厘米。实际操作中可以根据墒情适度掌握深度，坚持"墒大浅播，墒小深播，早播宜深，晚播宜浅"的原则。同时，要注意土地黏度和松散性、湿度，流动性好浅播，流动性差深播。坚持以上方法同样也是考虑到地表大量秸秆残茬的覆盖不利于地表吸收光热而导致地温较低。

播种量应该与传统作业下的播种量基本保持一致或者略为偏高。播种量还应根据地力、农作物品种的特性、土壤种类和墒情、播期等因素而定。在一年两熟地区开展保护性耕作技术，由于机具性能等方面还不尽完善，播种机具的适应性较差，难以达到精密播种的要求，再加上秸秆残茬带来的一系列问题，所以播种量不宜低。

(三) 底肥施用技术

施肥技术同样是免耕覆盖的重要技术，也是保护性耕作的核心技术。施肥不仅提供农作物所需要的营养，增加农作物的产量，改善产品的品质，还能提高农作物对不良环境的抵御能力，这对于保护性耕作具有重要的意义。覆盖在地表的秸秆需要腐解，这必然会对肥料的施用产生一定的影响，故免耕覆盖下的施肥必然与常规耕作下的施肥有一定的不同。施肥应考虑多种因素的影响，如气候因素、土壤条件、肥料性质等，做到合理施肥。免耕覆盖条件下的施肥应该注意合理的施肥量与施肥深度。

三、杂草及病虫害防治技术

保护性耕作条件下杂草和病虫害相对容易发生，必须随时观察、发现问题、及时处理。

（一）杂草防治技术

1. 化学除草

除草剂的使用方法有两种，即茎叶处理和土壤处理。

将除草剂直接喷洒在杂草茎叶上的方法，叫茎叶处理。这种方法一般在杂草出苗后进行。使用除草剂做茎叶处理，药液喷在杂草茎叶上，应该保证农作物绝对安全。

土壤处理就是将除草剂用喷雾、喷洒、泼浇、浇水、喷粉或毒土等方法，施到土壤表层或土壤中，形成一定厚度的药土层，接触杂草的种子、幼芽、幼苗及其他部分（如芽鞘）而被吸收，从而杀死杂草。一般多用常规喷雾处理土壤，播种前施药为播前土壤处理，播后苗前施药为播后苗前土壤处理。

2. 机械除草

利用机械进行表土作业，切断草根，干扰和抑制杂草生长。对于秸秆覆盖较厚的地块，可使用风幕式打药机进行定位、精量喷施作业。

（二）病虫害防治技术

1. 化学防治

化学防治即应用化学农药防治病虫害，是综合防治的关键技术之一，也是保护性耕作防治病虫害的主要技术。化学防治具有立竿见影、效果快速稳定的优点，能够在很短的时间内把大面积严重发生的病虫害有效控制住。同时，化学农药的品种、剂型、作用机制、施用技术与药械的多样性，防治对象的广谱性（种类很多）是其他防治措施无法比拟的。但是，化学防治也存在许多缺点，如有残毒、有抗性、污染环境、杀伤有益生物、影响人类健康等，尤其是在缺乏科学指导下的滥用化学农药，带来的副作用更为严重。病虫害综合防治中提高化学防治效果，应注意使用选择性农药和根据病虫害及其天敌种群数量、农作物生长发育情况、气象因素等确定防治的有利时机，选择适合的施药机具与方法，掌握合理的农药用量等。

在保护性耕作条件下，根据不同病虫害发生规律，筛选最佳药剂、确定使用时机和高效使用方法是非常重要的。尽量筛选和使用对叶部病害和土传病害有兼治作用的杀菌剂，这是防治由秸秆传播病原菌引起的病害的有效方法。种子处理是常用的防治方法，其好处在于用药位点明确、用药量少、农产品中农药残留少。随着内吸性种子处理农药的开发和研究，一些通过叶部施药的杀菌剂不能防治的土传病害，也可以通过种子处理药剂进行防治。随着新的杀菌剂、杀虫剂不断地被开发出来，种子处理将成为保护性耕作农田防治土传病害、地下害虫的重要方法。

2. 生物防治

生物防治是指利用某些生物包括害虫天敌或生物农药控制病虫草害的方法，其优点是有利于维持农业生态系统平衡，减少或替代化学农药，保护环境和食品安全。生物防治内容丰富，包括以虫治虫、以菌治虫治病、蜘蛛治虫、益鸟益兽治虫、以虫治草、以菌治菌等多种方法。归结起来，目前常用的方法如下。一是利用微生物防治虫害、病害和杂草。利用昆虫病原微生物——昆虫病原细菌（如苏云金芽孢杆菌）、昆虫病毒、昆虫病原真菌（如白僵菌和绿僵菌）等，可以有效防治害虫。二是利用天敌昆虫治虫。三是利用微生物代谢产物防治病虫草害。利用微生物及其代谢产物如放线菌产生的抗生素（井冈霉素、阿维菌素）等可以防治水稻纹枯病及多种农业害虫。

在保护性耕作中，利用拮抗微生物处理种子能起到保护农作物的作用，对于秸秆残茬传播的病原菌，常用的方法是用拮抗微生物处理秸秆残茬，取代或抑制处于腐生阶段的病原微生物的活动，达到防治病害的效果。生物防治是病虫害综合防治关键技术的重要组成部分，具有很大潜力和发展前景，生物防治与化学防治不应互相排斥，而应紧密结合、互相协调，在综合防治中发挥其综合作用和整体效应。

3. 农业防治

在掌握农作物、环境和病虫害相互关系的基础上，利用农业生产过程中耕作、栽培和田间管理措施，创造不利于病虫害发生、有利于农作物生长的环境条件，达到防治病虫害的效果。耕作制度和栽培措施对病虫草害的防治效果是间接和预防性的，但是大面积应用后对防治病虫害具有持久作用，同时也最易于与保护性耕作技术相结合。充分发挥耕作、栽培、水肥管理的综合防治效果，也符合"预防为主，综合防治"的植保方针。

许多栽培措施直接影响秸秆传播的土传病害的发生和为害。保护性耕作麦田，秋季晚播能够最大限度地减少小麦根在冷凉土壤中生长的时间，减少小麦根部病原菌的侵染位点从而减轻病害。采用双行播种替代平均行距播种，在双行之间留有较大行宽，表土易于干燥，可以减轻根腐病的发生率。另外，施用铵态氮肥可以降低土壤和根表的酸性环境，抑制喜酸性环境的小麦全蚀病菌，减轻小麦全蚀病的为害。

在保护性耕作农田开展轮作对防治病虫草害均有较好的效果，而且易于实施。例如，在一年一茬地区，小麦与高粱轮作，可以有效防治小麦褐斑病，而且也能完全控制小麦全蚀病。轮作过程中由于没有敏感作物，轮作就起到利用土壤本身微生物削弱和杀死以秸秆为生的病原菌的作用。

合理使用抗病（虫）品种是防治病虫害经济有效的方法，抗病（虫）品种利用与轮作相结合，是保护性耕作农田病害防治的有效方法。

四、深松技术

保护性耕作主要靠农作物根系和蚯蚓等生物松土，但由于作业时机具及人畜会对地面压实，有些土壤还是有疏松的必要，但不必每年深松。根据情况，3~5 年松 1 次。新采用保护性耕作的地块可能有犁底层，应先进行 1 次深松，打破犁底层。深松是在地表有秸秆覆盖的情况下进行的，要求深松机具有较强的防堵能力。

（一）深松的概念

深松是指疏松土层而不翻转土层的土壤耕作技术。深松有全面深松和局部深松两种。

1. 全面深松

用深松机在工作幅宽上全面松土，这种方法适于配合农田基本建设，改造耕层浅的黏质土。

2. 局部深松

用杆齿、凿形铲或铧进行间隔的局部松土。

深松既可以作为秋收后主要耕作措施，也可用于春播前的耕地、休闲地的松土、草场更新等。

具体形式有全面深松、间隔深松、浅翻深松、灭茬深松、中耕深松、垄作深松、垄沟深松等。

深松的深度视耕作后的厚度而定。一般中耕深松深度为 20 ~ 30 厘米、深松整地为 30 ~ 40 厘米、垄作深松深度为 25 ~ 30 厘米。

（二）深松特点

不翻转土壤，不打乱耕层，只对土壤起到松动作用。

（三）深松作用

（1）打破犁底层，有利于雨水的入渗与农作物根系的发育。

（2）不打乱耕层，改善土壤的透水、透气性，改善土壤的团粒结构。

（四）深松质量要求

深松不必年年进行，一般 3 ~ 5 年深松 1 次。在土壤墒情条件适宜的情况下尽早作业，早蓄水，深度 25 ~ 35 厘米，深耕一致，地表平整，无坷垃、无深沟。如松的深度不够，则宜出现地表不平整现象。

（五）深松技术要求

采用"V"形全方位深松机根据不同农作物、不同土壤条件进行相应的深松作业，主要技术要求如下。

（1）适耕条件。土壤含水量在 15% ~ 22%。

（2）作业要求。深松时间应选在农作物收获后立即进行，作业中松深一致，不得有重复或漏松现象。深松深度为 35 ~ 50 厘米。

深松能避免翻耕土壤过程中散失大量水分的弊端，但不能翻埋肥料、杂草、秸秆，不利于减少病虫害。

第四章　黑土地保护

第一节　黑土地基础知识

一、黑土地的概念

黑土地是指以黑色或暗黑色腐殖质表土层为标志的土地，是一种性状好、肥力高、适宜农耕的优质土地。其成土母质主要为黄土状黏土、洪积物、冲积物、冰碛物及风积物等松散沉积物。

大面积分布有黑土地的区域被称为黑土区。全球范围内，黑土区总面积占全球陆地面积的比例不足7%，且主要集中在四大黑土区：中高纬度的北美洲中南部地区、俄罗斯-乌克兰大平原区、中国东北地区及南美洲潘帕斯草原区。四大黑土区中，北美洲中南部地区面积最大，南美洲潘帕斯草原区面积最小，我国东北黑土区位居第三。

二、黑土地的形成

黑土地的形成需要一系列的自然条件和漫长的时间过程。以下是黑土地形成的主要步骤和因素。

（一）气候条件

黑土地主要分布在四季分明且温差较大的温带地区。夏季气候温和湿润，有利于植物的生长和有机物的分解，形成丰富的腐

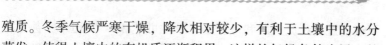

殖质。冬季气候严寒干燥，降水相对较少，有利于土壤中的水分蒸发，使得土壤中的有机质逐渐积累。这样的气候条件为黑土的形成提供了重要基础。

（二）地表排水情况

在形成黑土的过程中，地表排水不畅导致了上层滞水现象。这有利于有机物的稳定堆积和积累。在降水较多的夏季，土壤中的有机物通过水流向下移动，但在严寒干燥的冬季，水分蒸发减少，使得有机物质逐渐聚集在土壤表层。长期以来，这样的滞水现象促进了有机质的富集，从而形成了丰富的腐殖质，这是黑土的重要成分之一。

（三）地质条件

黑土地通常分布在旧石器时代的地层上，主要由风化的火山灰和火山岩石碎屑物质组成，含有丰富的矿物质和微量元素，可以为植物提供充足的养分。

（四）植被覆盖

在特定的气候条件和地质条件下，地表植被死亡后经过长时间腐烂形成腐殖质，逐渐演化成黑土。这个过程需要数百年的时间，有研究表明，在自然条件下需要200~400年才能形成1厘米厚的黑土层。

综上所述，黑土地的形成是一个复杂的过程，需要特定的气候条件、地表排水情况、地质条件和植被覆盖等因素的共同作用，并经历漫长的时间过程。这些因素相互关联、相互促进，共同构成了黑土地形成的基本条件。

三、黑土与普通土壤的区别

黑土区的土壤结构与普通土壤相比具有显著的不同之处。

首先，黑土区的土壤通常具有深厚的黑色腐殖质层，从上到下逐渐过渡到淀积层和母质层，厚度可达 30～70 厘米，甚至达到 100 厘米。这种深厚的腐殖质层是黑土区土壤的一个显著特征。与普通土壤相比，其有机质含量极高，通常为 10%～39%。丰富的有机质不仅为农作物生长提供了充足的养分，还使得土壤质地更为疏松多孔，有利于水分和空气的流通，从而促进了农作物的生长发育。

其次，黑土区的土壤结构性良好，大部分为粒状及团块状结构，无钙层，无石灰反应，有铁、锰结核，还有白色粉末和灰色斑块及条纹。这种土壤结构使得土壤更加透气、透水，有利于根系的生长和养分的吸收。而普通土壤的结构性可能较差，可能存在板结、硬化等问题，不利于农作物的生长。

此外，黑土区的土壤质地多为黏壤土，颗粒组成以粗粉砂和黏粒为多，两者占比皆为 30%以上。这种质地使得土壤既具有一定的保水保肥能力，又具有良好的通透性，有利于农作物的生长和发育。普通土壤的质地可能因地区、气候等因素而异，存在砂土、黏土等不同类型，其保水保肥能力和通透性也会有所不同。

综上所述，黑土区的土壤与普通土壤相比具有深厚的腐殖质层、良好的土壤结构、适宜的土壤质地等特点，这些特点使得黑土区的土壤更加肥沃、透气、透水，有利于农作物的生长和发育。

第二节　黑土地保护与利用

一、黑土地保护存在的突出问题

（一）黑土地退化严重

多年来，我国的黑土地由于人为高强度的开发利用，黑土层厚度、有机质含量等不断下降，加之自然因素制约和人为活动破坏，土层变薄、变硬、变瘦现象较为严重。

1. 土层变薄

土层变薄，是指耕地中的黑土层变薄。黑土层是黑土地的核心，它富含有机质，为农作物提供了丰富的养分。然而，由于过度开垦、水土流失等原因，黑土层正在迅速变薄。一些地方的黑土层已经从最初的几十厘米减少到现在的几厘米，这严重影响了土壤的保水保肥能力，导致农作物产量下降。

2. 土层变硬

土层变硬，是指土壤板结和硬化。由于长期的不合理耕作、化肥过量施用等原因，土壤结构被破坏，土壤中的有机质和微生物减少，导致土壤变得坚硬、板结。这样的土壤不仅透气性差，其水分和养分也难以被农作物吸收，严重影响了农作物的生长和发育。

3. 土层变瘦

土层变瘦，是指土壤肥力下降。黑土地之所以肥沃，是因为它富含有机质和各种营养元素。然而，由于长期的过度开垦和不合理施肥，土壤中的有机质和营养元素被大量消耗，导致土壤肥力下降。这样的土壤不仅难以支持农作物的正常生长，还可能导致农作物病虫害的增加。

（二）污染和破坏的行为时有发生

长期以来，我国严重污染和破坏黑土地的行为时有发生。以废矿渣非法倾倒为例，一些不法分子将废矿渣等有害物质运至农用黑土地进行堆放，严重污染了土壤环境。这些废矿渣中可能含有重金属、有毒化学物质等有害物质，它们会渗透到土壤中，破坏土壤结构、降低土壤肥力，使黑土地无法继续支持植物的健康生长。受污染土壤中的有害物质还可能通过食物链进入人体，对人类健康构成潜在威胁。

除废矿渣倾倒外，还有其他一些污染和破坏黑土地的行为。例如，一些工业企业和城市生活垃圾被随意倾倒在农田周边，导致农田土壤受到污染；一些农民在种植过程中滥用化肥、农药等化学物质，破坏了土壤生态平衡，加剧了黑土地的退化。

二、黑土地保护与利用的关键技术

（一）保护性耕作技术

保护性耕作，一般是指播种后地表农作物秸秆（残茬）覆盖率不低于30%的耕作和种植管理措施。其核心特征是减少土壤扰动和增加地表覆盖，在降低土壤侵蚀的同时蓄水保墒，通过合理的农作物搭配、水肥调控等配套技术，实现培肥地力、固碳减排，还可减少作业次数，节约成本投入。当前保护性耕作技术主要包括秸秆覆盖免耕、秸秆覆盖垄作、秸秆覆盖条耕以及新近发展起来的秸秆覆盖轮作等。

1. 秸秆覆盖免耕技术

该技术是在农田表面保留秸秆或其他植物残余物，形成有机覆盖层，而无须进行传统的耕地操作（如翻耕或深耕）。技术要点包括3个方面：一是春季播种前根据土壤墒情与秸秆覆盖量情况，在高留茬或秸秆量少的条件下直接进行播种；二是应用免耕精量播种机一次完成施肥、苗带整理、播种开沟、单粒播种、覆土、重镇压等工序；三是机械化喷施除草剂，玉米拔节前深松追肥，绿色生物防治病虫害。

该技术在蓄水保墒、培肥增温、节本增效等方面表现出了明显的优势。适用于东北黑土区半干旱风沙土区、中部半湿润区的黑土与黑钙土等主要土壤类型。

2. 秸秆覆盖垄作技术

该技术结合了秸秆覆盖和垄作的优势，通过在农田表面形成

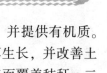

的秸秆覆盖层，减少水分蒸发、防止土壤侵蚀，并提供有机质。同时，通过形成垄，集中和保持水分，控制杂草生长，并改善土壤结构。技术要点包括 4 个方面：一是在农田表面覆盖秸秆；二是利用扫茬机或扫茬装置将垄台的根茬打散，并扫除到垄沟内，形成无秸秆及根茬的播种带；三是采用深松中耕培垄，恢复垄型；四是合理选择和管理农具，实现高效的种植操作和管理。

该技术可以解决土壤水分、土壤侵蚀、杂草等方面存在的问题。适用于东北黑土区中低温冷凉区域以及低洼易涝区的黑土、黑钙土、草甸土等主要土壤类型。

3. 秸秆覆盖条耕技术

该技术是通过特殊的农具或机械在秸秆覆盖基础上形成种植条，提供农作物生长所需的空间。技术要点为春季耕作作业时开展秸秆归行作业，保留秸秆覆盖，同时形成一个疏松平整无秸秆覆盖的苗带，农作物可以正常生长。

该技术解决了秸秆覆盖地温低、播种质量和出苗差、产量不稳定的问题。同时，种植条可以帮助农民进行作业和管理，使农田管理更加便捷和高效。该技术适用于东北黑土区黑土、黑钙土、草甸土、暗棕壤、棕壤等土壤类型。

4. 秸秆覆盖轮作技术

该技术是在农作物收获后将秸秆覆盖在农田表面，然后选择适合的轮作作物在覆盖层上种植，利用秸秆的分解提供养分，并改善土壤结构。秸秆覆盖轮作以秸秆覆盖玉米大豆轮作为主。技术要点包括玉米季收获后进行秸秆还田，翌年免耕播种大豆，大豆收获时，将大豆秸秆直接粉碎并均匀抛施于地表，翌年春季采用免耕播种机种玉米。

该技术解决了长期玉米连作保护性耕作秸秆连年全量还田出现的土壤消纳难、播种和出苗受影响、病虫草害加剧等问题，具有降低土壤风蚀、改善土壤理化特性、改善土壤养分供给平衡的显著优势。该技术适用于东北黑土区黑土、黑钙土等主要土壤类型。

（二）土壤退化防控技术

土壤退化防控技术，旨在减缓土壤退化过程、恢复和改善土壤质量，保护土壤资源并提高土壤可持续利用能力。核心内容是对土壤进行修复、改良或管理，提高土壤对风蚀、水蚀等侵蚀的抗性，遏制耕地水土流失，降低土壤碱化度，从而改良土壤、提高农作物产量。土壤退化防控技术主要包括风蚀防控技术、侵蚀沟治理技术、盐渍化防控技术和白浆层障碍消除技术等。

1. 风蚀防控技术

该技术通过削减风能，降低风力侵蚀力，同时在防风带下风向一定范围内，林带遮挡、涡流等，导致风速降低，促进风蚀颗粒沉降。防护林的防风效应与空间布局和林网结构密切相关，主要技术要点为林带方位、林带结构、林带间距、林带宽度和网格规格等关键参数的确定。

该技术解决了黑土区由于风蚀和高强度开垦导致的土层变薄、有机质流失、生态功能下降等问题。该技术适用于东北黑土区轻度、中度、重度风蚀区。

2. 侵蚀沟治理技术

该技术通过采用工程和生物治理等措施，降低径流对地表冲刷和侵蚀，防止土壤流失和环境破坏。技术要点包括 4 个方面：一是以农田集水区为单元进行治理，坡耕地上采用横坡垄作、秸秆覆盖免耕、条耕等技术可有效防治水土流失；二是秋收后或春耕前，疏通田间导水渠系，使之与沟底暗管相连，打通农田集水区水系；三是对于浅沟和小型切沟，采用秸秆填埋复垦技术修复沟毁耕地、恢复地块完整；四是对于大型切沟，采用秸秆填埋+

表层覆土+阶梯石笼谷坊抬升沟道侵蚀基准、沟底布设柳跌水、沟坡布设草灌等工程和生物措施。

该技术解决了农田汇水区水系不连通、田块破碎化、机耕效率低、治沟削坡占地等一系列问题，有效治理了农田侵蚀沟。适用于东北漫川漫岗黑土区包含中、大型侵蚀沟的农田。

3. 盐渍化防控技术

该技术通过土地改良、灌排工程和生物农艺等技术对盐碱障碍进行消解。盐碱地种稻配合复合调理剂改良苏打盐碱土的效果显著。技术要点包括以腐植酸基苏打盐碱地新型调理剂及精准施用技术为核心，在秋季收获后或春季整地前进行撒施，之后旋耕混入土壤；用天然腐植酸和复合钙源快速降低土壤碱化度和pH 值；抑制黏粒分散，加速耕层土壤脱盐降碱。

该技术在缓解苏打盐碱地土壤结构恶化、提升土壤有机质和破除农作物生长障碍方面具有显著的优势。适用于东北松嫩平原西部 pH 值大于 8.5、碱化度大于 15%的苏打盐碱土。

4. 白浆层障碍消除技术

该技术的原理是打破坚硬的白浆层，培肥心土层，改善土壤理化性质，提高土壤肥力，使耕层水、肥、气、热协调发展。技术要点包括以白浆土秸秆深还田心土混拌地力提升技术为核心，秋季玉米收获后，地表秸秆全部还入心土层，与白浆层和淀积层进行混合；随后进行大垄起垄、播种，要求一次完成玉米播种、基肥施用、镇压作业。

该技术可以解决土层薄、养分含量低、土壤结构差和农作物生长不良等问题，适用于东北三江平原耕层厚度在 20 厘米左右的旱地薄层白浆土。

（三）农作物绿色高产栽培技术

农作物绿色高产栽培技术是指在确保农作物产量的前提下，

尽可能地保护环境、节约资源、降低成本，以实现可持续发展的农作物种植技术。核心内容是提高肥料和灌溉水利用效率、改善土壤结构、提高土壤养分利用效率、减少污染，实现可持续发展。农作物绿色高产栽培技术主要有密植栽培技术、高效施肥技术及绿色种植技术等。

1. 密植栽培技术

密植栽培技术通常通过减小植株之间的间距来增加单位面积植株数量，从而提高农作物产量。技术要点为根据具体农作物的生长特性、品种选择以及土壤和气候条件进行合理调整，以确保植株之间的空间仍然能够满足农作物的生长需求，避免过于拥挤导致植株生长不良或疾病传播。常见农作物适宜密度如下：大豆播种密度 22 万~25 万株/公顷，春小麦播种密度 900 万~975 万株/公顷，饲料油菜播种密度为 50 万~52 万株/公顷，矮秆高粱播种密度 12 万~13 万株/公顷。

密植栽培技术充分利用空间和光照，解决了生长空间不合理导致的农作物生长不良和病害问题，从而达到产量最大化。该技术适用于东北黑土区坡耕地区域，以及辽河流域、松花江流域、饮马河流域、洮儿河流域等区域。

2. 高效施肥技术

高效施肥技术是指在农作物营养供应的各个环节，在遵循"四合适"原则（合适的肥料类型、合适的肥料用量、合适的施肥时间、合适的施肥位置）基础上，设计措施最大限度地提高肥料的利用效率，以充分提高农作物的产量和品质。其中，保护性耕作轻简化一次性施肥免追技术，是在常规肥料基础上进行配方优化，在播种的同时完成施肥，其技术要点：将稳定性肥料技术、磷活化技术、聚谷氨酸增效技术进行了有机集成与优化，采用种肥同播机，配合保护性耕作，将土壤扰动次数降到最低。

保护性耕作轻简化一次性施肥免追技术，解决了黑土地保护及保护性耕作模式实施中易出现的苗期缺氮、后期追肥扰动等问题，适用于保护性耕作模式应用下的玉米种植。

　　3. 绿色种植技术

　　该技术旨在通过生物防治病虫害代替化学防治、机械和人工代替化学除草，全过程采用有机种植技术，避免了化学农药、肥料的土壤残留和环境损害。技术要点包括：玉米出土前后深松作业，覆盖刚出土的杂草；玉米出苗后利用旋转松土除草机、智能除草机等除草；释放赤眼蜂防治玉米螟，喷施苏云金杆菌、枯草芽孢杆菌等防治虫害。

　　该技术解决了黑土地不合理的耕种，化肥、农药施用过多，资源利用效率低，传统农业种植效益不高等问题，有修复土壤的功能，能够减轻和克服农作物病害与连作障碍。适用于松嫩平原北部中厚层黑土区。

三、黑土地保护与利用的技术模式

　　黑土地保护与利用技术模式是指针对特定区域黑土地退化的主要特征和保护利用的关键难题所形成的多项关键技术综合集成。目前，我国东北地区黑土地保护与利用技术模式主要包括龙江模式、梨树模式2.0、三江模式、大安模式、辽河模式、辽北模式、大河湾模式、北大荒模式、拜泉模式和全域定制模式。

　　（一）龙江模式

　　针对黑土开垦后由于高强度利用、用养失调导致的黑土层土壤有机质锐减、土壤结构恶化、生物功能退化，以及不合理耕作导致的耕层变浅、犁底层增厚等突出问题，构建了龙江模式。采用秸秆粉碎、有机肥深混还田并结合玉米-大豆轮作等关键技术，促进了大气降水入渗和有机物料碳向土壤碳的转化，提高了耕层土壤储水量（增加 15%以上）和土壤有机质含量（增加 3%以上），增加了作物产量（增加 10%以上）。

该模式技术要点包括黑土地耕层扩容增库、玉米-大豆轮作等，主要在黑龙江省全域推广应用。该模式为 2022 年黑龙江省黑土耕地质量提升和农作物高产增效奠定了坚实基础，年度累计推广应用 3 110 万亩。

（二）梨树模式 2.0

梨树模式 2.0 以秸秆覆盖还田垄作少耕、条带耕作、宽窄行免耕等保护性耕作技术为主体，以土壤保育、高产高效为目标，从秸秆覆盖耕免结合提温提质、配套农机具研发改制、高产群体调控等方面优化集成，创新升级"梨树模式"，形成技术区域化、参数精细化、机具系统化、管理一体化的高产增效保护性耕作综合技术体系。

梨树模式 2.0 实现了保护性耕作与粮食高产协同，创造了东北地区同一地块连续 4 年亩产超吨粮的记录；得到了吉林省人民政府批示："大力推广"。目前，建立了梨树和双辽 2 个万亩示范区，在吉林省建立了 10 个核心示范点，打造了双辽百万亩高标准示范县，技术已大面积推广。

（三）三江模式

针对三江平原黑土地保护面临水资源安全压力大、低温冷凉、土壤障碍严重、智能化水平有待提升等问题，构建了黑土地保护利用"三江模式"。通过施用耐低温腐解菌剂、秸秆还田配施有机肥和改良剂、深翻或免翻深松以及苗期进行垄沟深松的耕作措施等，形成了湿润区黑土耕层深松减障提质过程中"翻埋还田秸秆快速腐解、耕层快速培肥、低产白浆土障碍消减"等技术，提升了区域水土资源整体利用效率与可持续利用潜力。

该模式技术要点包括秸秆翻埋、深松减障、水土优化、智能管控，主要在三江平原地区推广应用并提供多尺度系统解决方案。该模式在友谊农场、二道河农场和曙光农场建立核心示范区，通过北大荒农垦集团有限公司与黑龙江省农业环境和耕地保护站双线推广体系，在垦区 16 个农场建立了千亩示范区。

（四）大安模式

大安模式以良田+良种+良法"三良一体化"技术体系为核心，通过改土培肥、脱盐降碱、抗逆品种与适生栽培关键技术快速实现盐碱地障碍消减与综合产能提升，结合国土整治、生态修复、现代种业、智能农机和智慧农业、先进农业生产组织等"产业多元一体化"综合治理方式打造盐碱地农业现代化示范样板。

该模式技术要点包括改土培肥、良种优选、良法优用等技术手段，实现黑土区盐碱地耕层改土降碱、农作物产能提升和资源生态高效利用。形成了集成磷石膏+东稻系列水稻+抗逆绿色栽培技术的盐碱地水田良田+良种+良法"三良一体化"高效治理、集成覆沙+324 耕作+浅埋滴灌技术的盐碱旱田稳产高产种植、集成脱碱三号+耐盐碱羊草品种+羊草免耕秋播的碱化草地植被快速修复、集成稻田退水消纳+典型芦苇植被恢复+湿地种养结合的盐碱湿地生态治理与资源高效利用等系列技术体系。该模式主要在东北黑土区西南部推广应用，已在吉林省大安、长岭、镇赉、洮南、洮北等地建立 5 个核心示范基地和 7 个技术示范推广点，示范面积 5 万余亩，辐射推广 1 000 余万亩。通过示范推广，该模式实现土壤 pH 值下降 0.5 个单位以上，电导率下降 40%以上，土壤有机质、速效氮磷含量增加 12%以上。

（五）辽河模式

针对辽河平原耕地土壤开垦时间长、土壤肥力下降快等问题，研发了辽河模式。通过种养循环和粪肥资源一体化循环利用等，解决了固体粪污和液体粪污无害化处理、养殖废弃物综合利用及黑土地有机物料还田转化效率提升等关键问题。

该模式技术要点包括全量粪污肥料化沃土、好氧发酵有机粪肥替代化肥、农业有机废弃物田间近地覆膜腐殖强化等，主要在辽河平原推广应用。在辽宁省昌图县、阜蒙县、沈阳市沈北新区建立 2.5 万亩核心示范区，累计推广应用面积达 800 多万亩。培训各级农技人员和实施主体 1 800 余人次。通过粪肥资源一体化循环利用地力培育技术的应用，土壤有机质增加了 0.2% ~ 0.3%，有效扩大了土壤全量养分库容，提高了土壤水分和养分供给能力，农作物产量提升 5%~8%。

（六）辽北模式

针对辽北耕地土壤开垦时间长、土壤肥力下降等问题，构建了辽北玉米大豆轮作黑土保育技术模式（简称"辽北模式"）。通过玉米秸秆粉碎还田培肥地力、大豆增氮和减肥轮作、大豆粉碎秸秆还田等，解决区域土壤有机碳减少和肥力下降等问题。

该模式技术要点是两年玉米秸秆粉碎还田和一年大豆秸秆粉碎还田。秸秆粉碎还田可以增加土壤有机碳含量，活化土壤微生物，适度增加土壤的通透性、保肥性、缓冲性和供肥能力；大豆轮作可以调整土壤碳氮比，培育良好的土壤微生态环境。主要在东北黑土区南部水热条件较好、土地平整区推广应用。项目区测产结果表明，玉米产量提高 6%。

（七）大河湾模式

针对内蒙古东部地区漫坡漫岗、春旱夏涝且降水量集中导致的风蚀水蚀现象严重，耕层薄、用养失调导致的土壤结构恶化，农业资源本底不清导致的种、水、肥、药施用决策不准，大功率高端农机装备依赖进口，普通农机智能化程度有待提高等突出问题，构建了大河湾模式。通过将无人化智能测土机器人、土壤能谱分析仪等装备与多种信息化手段的融合，构建了"天空地人机"自动化智能化的本底数据采集体系;利用人工智能大模型技术实现了水、土、气、生等农情大数据与农作物生长在信息空间的模拟,并能够提出宏观区域级保护性耕作种植模式方案以及微观地块级作业处方的建议;最后通过对传统农机的智能化改造与纯电动无人化三代农机的应用,构建了智能化的农事作业执行系统。

该模式技术要点包括广域内10米×10米级土壤养分数据感知技术,基于人工智能的农事处方决策技术,高地势平地、坡地、洼地的保护性耕作技术,传统农机智能化改造以及纯电动无人化农机的无人作业技术等,主要在蒙东四盟市进行推广应用。2022年,该模式已在呼伦贝尔农垦集团24个农场等推广应用1 073万亩。

(八)北大荒模式

针对巩固和提升粮食综合产能、推动农业绿色可持续发展等国家重大需求,构建了黑土地保护利用的北大荒模式。通过科学轮作、绿色生产、精准施肥、智慧农机、保护性耕作、生态治理、格田改造、水资源利用等技术手段,系统性解决黑土地综合利用与黑土地保护问题,实现肥料利用率、水资源利用率、农机作业效率、耕地产出率不断提升。

该模式技术要点可概括为"六个替代"和"六个全覆盖"。"六个替代"是指有机肥替代化肥、绿色农药替代传统农药、地表水替代地下水、保护性耕作替代传统翻耕、智能化替代机械化、规模化格田替代一般格田。"六个全覆盖"是指一般农田和标准农田全覆盖、农机智能化全覆盖、绿色生产全覆盖、标准化生产全覆盖、数字农服管控全覆盖、投入品专业化统营全覆盖。主要在松嫩平原和三江平原等地区推广示范。耕地质量调查评价数据显示,2021年,北大荒农垦集团有限公司耕地土壤有机质

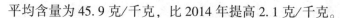

平均含量为 45.9 克/千克，比 2014 年提高 2.1 克/千克。

（九）拜泉模式

针对黑龙江中西部地区丘陵起伏和漫川漫岗地区水土流失严重的问题，构建了以土壤侵蚀分区治理为核心的拜泉模式。通过考虑自然条件的相似性、社会经济条件的相近性、侵蚀类型–侵蚀强度和防治措施的相同性、治理开发方向的一致性和地域的相连性等自然和社会经济特征，对土壤侵蚀区进行划分，进而通过分区制定治理策略的方式解决区域水土流失问题。

该模式技术要点包括坡沟连治措施，通过实施坡顶防护、坡面防护、沟道防护 3 项工程，创新并持续深化水土流失"三道防线"综合治理模式。第一道防线是在山顶栽松戴帽，林缘与耕地接壤处开挖截流沟，涵养水源，节流控水；第二道防线是在坡面等距营造农防林，等高垄作修梯田，就地渗透，蓄水保墒；第三道防线是在沟头修石笼防护，沟道修跌水，下游修谷坊，沟岸削坡植树，育林封沟，顺水保土。该模式主要在黑龙江省拜泉县及周边地区推广应用。截至 2022 年年末，拜泉县累计治理水土流失面积 1 803.2 千米^2，治理侵蚀沟 1.99 万条，各项水土保持措施年可拦蓄径流量近 7 000 万米^3，径流减少 69%，拦蓄泥沙量近 900 万吨，泥沙流失量减少 62%。

（十）全域定制模式

针对东北黑土区土壤退化和碳损失严重、种养资源不匹配、农业效益不高、区域发展缺乏系统解决方案等问题，构建了黑土粮仓全域定制模式。通过挖掘地域潜力，探究黑土区"水、土、气、生、人"五大要素之间的相互作用机制，促进全生产要素有机整合，运用综合性和交叉性手段从市域、村域、地块等不同尺度破解黑土地保护与利用关键科技问题，实现黑土保护利用技术高效率、本地化精准应用，形成覆盖全市域、具有多尺度地域特

色的分区分类分级的精准策略和系统解决方案。

该模式技术要点包括构建全域定制数据集，依托大数据和人工智能分别从市域尺度、村域尺度和地块尺度形成"分区施策"、"依村定策"、"一地一策" 3 个不同尺度的系统方案等。依托中国科学院"黑土粮仓"科技会战，构建了东北全域黑土地大数据库，研发了东北黑土地保护与利用智慧管控平台，形成了分区分类分级的黑土地保护利用系统解决方案。该方案率先在齐齐哈尔市全域推广应用，整合了秸秆覆盖、垄作、免耕等共性技术和旱地大垄双行、水稻田秋打浆等特色技术，形成了针对松嫩平原中厚层黑土、薄层黑土、风沙草甸土 3 类 9 区的针对性技术方案，在 13 个区县示范推广 1 000 万亩。

第三节 《中华人民共和国黑土地保护法》

2022 年 6 月 24 日第十三届全国人民代表大会常务委员会第三十五次会议审议并全票通过了《中华人民共和国黑土地保护法》（以下简称《黑土地保护法》），并于 2022 年 8 月 1 日起施行。《黑土地保护法》为保护好黑土地提供了有力的法治保障。

一、立法背景和主要过程

党中央始终把解决好"三农"问题作为全党工作的重中之重。在世界百年未有之大变局中，稳住农业基本盘、守好"三农"基础是应变局、开新局的"压舱石"。以习近平同志为核心的党中央把粮食安全作为治国理政的头等大事，强调粮食安全是国家安全的重要基础，中国人的饭碗任何时候都要牢牢端在自己手中，饭碗主要装中国粮。2020 年年底中央经济工作会议指出，要解决好种子和耕地问题，保障粮食安全，关键在于落实"藏粮于地、藏粮于技"战略。随后召开的中央农村工作会议和 2021 年中央一号文件，对打好种业翻身仗、保护耕地尤其是保护黑土地提出了更加具体明确的要求。

第十三届全国人民代表大会（简称"人大"）四次会议期间，全国人大农业与农村委员会收到"关于制定黑土地保护法的议案"和多件关于黑土地保护的代表建议，代表们建议制定《黑土地保护法》，保护黑土地、留住黑土层，解决违法占用、违法开垦黑土地等问题。2021 年 3 月中下旬，全国人大农业与农村委员会两次研究议案办理工作，对习近平总书记和党中央高度重视的黑土地保护问题重点加以研究，并要求提高议案办理的质量和效率。及时组织召开研究论证会，中央和国务院有关部门、专家学者参加会议并发言，普遍认为要加强黑土地保护的法治保障；全国人大农业与农村委员会组成调研组进一步赴东北四省区（黑龙江、吉林、辽宁、内蒙古）等地调研，地方对黑土地保护立法普遍赞成、积极支持，为了保障国家的粮食安全和生态安全、建立统筹协调工作机制等，有必要在国家层面开展黑土地保护立法。全国人大农业与农村委员会多次向全国人大常委会报告有关工作情况，提出黑土地保护立法的专门报告。全国人大常委会领导同志高度重视，作出重要批示要求积极推进相关立法，加快了立法工作的进程。

《黑土地保护法》边研究论证边起草。全国人大农业与农村委员会多次组织召开中央有关部门、专家学者的座谈会，到东北四省区开展 5 次调研，到 13 个地市及其相关县市和村镇进行实地考察。调研中邀请 10 人次的全国人大代表参加，邀请地方各级人大代表提出意见和建议，为起草工作打下了扎实的基础，逐步形成了草案稿。2021 年 9 月，将草案征求意见稿发送东北四省区人大征求意见，并送全国人大常委会办公厅以办公厅名义征求国务院办公厅意见。收到国务院办公厅意见后，认真组织研究吸纳有关意见和建议。经过反复研究论证，草案趋于成熟。2021年12月，《黑土地保护法》草案提请第十三届全国人大常委会第三十二次会议审议。2022年，《黑土地保护法》列入了全国人大常委会立法计划的重点立法项目，加快推进。全国人大常委会于2022年4月、6月分别对《黑土地保护法》草案进行了二次审议和三次审议，并于6月24日常委会全票审议通过。

《黑土地保护法》的起草和通过，体现了全国人大常委会紧紧围绕党中央重大决策部署谋划推进各项工作，牢固树立法治思维推动国家治理体系和治理能力现代化，高质高效推进涉农相关立法，使立法工作更好围绕中心和大局、更好服务国家和人民；体现了发展全过程人民民主，代表的议案和建议加快推动了立法进程，五级人大代表的意见和建议对完善法律条文发挥了重要作用，广泛的调研凝聚了人民群众的智慧、反映了人民的期盼；发挥人大立法主导作用，这部法律实现了当年启动研究论证当年完成起草当年提请审议，获得人大常委会全票审议通过，体现了"小快灵"立法特点，体现了立法的高效率、高质量。

二、立法的必要性和重要意义

一是深入贯彻落实习近平总书记重要指示和党中央决策部署的需要。习近平总书记高度重视黑土地保护，多次叮嘱要保护好黑土地。2016年5月习近平总书记在黑龙江考察时强调，要采取工程、农艺、生物等多种措施，调动农民积极性，共同把黑土地保护好、利用好；2018年9月习近平总书记在北大荒建三江国家农业科技园区考察时指出，要加快绿色农业发展，坚持用养结合，综合施策，确保黑土地不减少、不退化；2020年7月习近平总书记在吉林考察时指出，东北是世界三大黑土区之一，是"黄金玉米带""大豆之乡",黑土高产丰产,同时也面临着土地肥力透支的问题。一定要采取有效措施,保护好黑土地这一耕地中的"大熊猫";2020年12月习近平总书记在中央农村工作会议上指出,要把黑土地保护作为一件大事来抓,把黑土地用好养好。近年来的中央文件,多次强调黑土地保护,《中华人民共和国国民经济和社会发展第十四个五年规划和2035年远景目标纲要》提出,实施黑土地保护工程,加强东北黑土地保护和地力恢复。习近平总书记将黑土地比喻为国宝"大熊猫",这一重要论述具有深刻内涵和深远意义。黑土地是大自然赋予人类得天独厚的稀缺宝贵资源,具有优质性、稀缺性、易被侵蚀性等特点。多年来人为高强度开发利用,黑土层厚度、有机质含量等下降,土壤酸化、沙化、盐渍化加剧,严重影响生态安全和农业可持续发展。要从造福子孙永续发展的高度认识黑土地保护的特殊性和战略意义,向"藏粮于地、藏粮于技"战略高度推进。制定《黑土地保护法》,将保护黑土地上升为国家意志,是贯彻落实习近平总书记和党中央关于黑土地保护要求的有力举措。

二是保障长远国家粮食安全的需要。粮食安全是"国之大者",悠悠万事,吃饭为大。手中有粮、心中不慌。在百年变局和国际形势错综复杂的背景下,粮食和重要农副产品的稳定供给是社会始终保持稳定的基础,是推动经济社会发展行稳致远的保障。耕地是粮食生产的"命根子",黑土地是耕地中的"大熊猫",土壤性状好、肥力高、水肥气热协调,粮食产量高、品质好。东北黑土区是我国重要的粮食生产基地,粮食产量约占全国的25%,粮食商品率高,是保障粮食市场供应的重要来源,是保障国家粮食安全的"压舱石"。黑土地在保障粮食安全、保障优质农产品供给上的作用不言而喻。制定《黑土地保护法》,规范黑土地保护、治理、修复、利用等活动,保护黑土地高产优质农产品产出功能，能够为国家粮食安全提供坚强的法治保障。

三是维护生态系统平衡的需要。珍稀的黑土地自然资源，既不可再生，也无可替代。长期以来，由于保护和投入不够，加之风蚀、水蚀侵害，黑土地土壤有机质含量下降、土壤养分流失、水土流失严重、土地耕层构造劣化，黑土地"变薄、变硬、变瘦"。侵蚀沟发育发展，不仅造成耕地丧失，而且造成土地破碎。黑土地作为生态系统的重要组成部分，其自身生态遭到破坏还带来了其他环境问题，如河道淤积、洪涝灾害加剧、水利设施和道路被破坏等。人与自然应当和谐共生，保护自然则自然回报慷慨，掠夺自然则自然惩罚无情。制定《黑土地保护法》，保护好生态环境，维护好生态系统平衡，促进资源环境可持续，才能使黑土地永远造福人民。

四是完善黑土地保护体制机制的需要。近年来，党中央、国务院采取了一系列对黑土地保护的措施。2017年，经国务院同意，农业部、国家发展改革委等6部门联合印发了《东北黑土地保护规划纲要（2017—2030年）》；2020年，经国务院同意，农业农村部和财政部联合印发《东北黑土地保护性耕作行动计划（2020—2025年）》；2021年，经国务院同意，农业农村部、国家发展改革委等7部门联合印发了《国家黑土地保护工程实施方案（2021—2025年）》。这些举措对黑土地保护发挥了积极作用，但是政策具有阶段性特征，难以建立长期稳定的保护机制，还存在工作上协同性不足、稳定投入机制未建立、责任主体不够明确等问题。当前，吉林省、黑龙江省制定了黑土地保护条例，内蒙古自治区制定了耕地保养条例等，但是地方层面立法，难以形成上下联动、多方参与的长效保护机制。当前土地管理有关法律法规，在耕地保护方面主要解决一般性问题，数量保护措施多、质量提升措施少，对黑土地的特殊保护还缺乏针对性的措施。综合施策、形成合力、久久为功保护好黑土地，需要全社会共同努力。制定《黑土地保护法》，有利于建立针对性、系统性、稳定性的黑土地保护制度。

三、《黑土地保护法》的特点和亮点

（一）坚持长远保障国家粮食安全的战略定位

保护黑土地就是保障国家粮食安全。制定《黑土地保护法》，落实党中央保障国家粮食安全战略，坚决遏制耕地"非农化"、防止"非粮化"，立法明确黑土地优先用于粮食生产的导向，实行严格的黑土地保护制度，强化黑土地治理修复，确保黑土地总量不减少、功能不退化、质量有提升、产能可持续，牢牢把住粮食安全主动权。

（二）把行之有效的黑土地保护政策转化为法律规定

党的十八大以来，在实施一系列加强耕地保护、保障国家粮食安全的政策措施基础上，党中央、国务院通过制定东北黑土地保护规划纲要、开展东北黑土地保护性耕作行动、实施国家黑土地保护工程，多措并举、统筹推进黑土地保护工作，取得了良好实效。制定《黑土地保护法》，总结耕地保护实践经验，把利国惠民的黑土地特殊保护制度措施以法律的形式固定下来。

（三）加大投入保障，强化科技支撑

黑土地保护工作具有公益性、基础性、长期性，建立和完善黑土地保护财政投入保障机制，加大对黑土地的资金和项目支持。加强科技支撑，把握自然规律，综合采取工程、农艺、农机、生物等措施，做到用养结合、因地制宜、综合施策，恢复并稳步提升黑土地基础地力，改善黑土地生态环境，提高黑土地综合生产能力。

（四）建立政府主导、农民为主体、多元参与的黑土地保护格局

保护好黑土地，是四省区人民政府的重要职责，要压实责任，加强考核监督，确保落实；建立黑土地保护协调机制，加强统筹协调，增强黑土地保护的协同性；坚持农民主体地位，保护好农民利益，调动农民开展黑土地保护的积极性；注重发挥市场作用，引导社会力量参与黑土地保护，做到广泛参与、多元共治。

四、《黑土地保护法》的主要内容

《黑土地保护法》共38条，包括立法目的、适用范围、保护要求和原则、政府责任和协调机制、制定规划、资源调查和监测、科技支撑、数量保护措施、质量提升措施、农业生产经营者的责任、资金保障、奖补措施、考核与监督、法律责任等。

（一）科学确定《黑土地保护法》的适用范围

一是突出重点，明确《黑土地保护法》保护的是黑土地所在四省区内的黑土耕地，并要求综合考虑黑土地开发历史等因素，按照最有利于保护和最有利于修复的原则，在国家层面统筹确定黑土地保护范围，并在黑土地保护规划中进一步细化和明确。

二是做好法律之间的衔接，处理好《黑土地保护法》与《中华人民共和国土地管理法》《中华人民共和国森林法》《中华人民共和国草原法》《中华人民共和国湿地保护法》《中华人民共和国水法》等有关法律的关系。

（二）加强统筹协调

一是明确政府职责，规定国务院和四省区人民政府加强对黑土地保护工作的领导、组织、协调、监督管理，统筹制定黑土地保护政策；要求四省区人民政府对本行政区域内的黑土地数量、

质量、生态环境负责。

二是要求县级以上地方人民政府建立有关部门组成的黑土地保护协调机制，加强协调指导，明确工作责任，推动黑土地保护工作落实。

三是坚持规划引领，要求将黑土地保护工作纳入国民经济和社会发展规划，明确县级以上人民政府有关部门制定黑土地保护规划，并与国土空间规划相衔接。

（三）切实保障国家粮食安全

一是将"保障国家粮食安全"作为《黑土地保护法》的重要立法目的。

二是落实党中央关于"分类明确耕地用途，严格落实耕地利用优先序"的要求，进一步明确黑土地应当用于粮食和油料作物、糖料作物、蔬菜等农产品生产。

三是与永久基本农田制度相衔接，要求黑土层深厚、土壤性状良好的黑土地应当按照规定标准划入永久基本农田，重点用于粮食生产。

（四）加强黑土地保护科技支撑

一是鼓励开展科学研究和技术服务，明确国家采取措施加强黑土地保护的科技支撑能力建设，支持各类主体开展黑土地保护技术服务。

二是坚持用养结合、综合施策，要求采取工程、农艺、农机、生物等措施，加强黑土地农田基础设施建设，完善黑土地质量提升措施，保护黑土地的优良生产能力。

三是加强黑土地治理修复，要求采取综合性措施，开展侵蚀沟治理，加强农田防护林建设，开展沙化土地治理，加强林地、草原、湿地保护修复，改善和修复农田生态环境。

（五）强化基层组织和农业生产经营者的保护义务

一是明确黑土地发包方职责，要求农村集体经济组织、村民委员会和村民小组监督承包方依照承包合同约定的用途合理利用和保护黑土地，制止承包方损害黑土地等行为。

二是明确生产经营者保护和合理利用黑土地的义务，要求生产经营者十分珍惜和合理利用黑土地，加强农田基础设施建设，应用保护性耕作等技术，积极采取黑土地养护措施。同时，对国有农场的黑土地保护工作提出了明确要求。

三是明确农业生产经营者未尽到黑土地保护义务，经批评教育仍不改正的，可以不予发放耕地保护相关补贴。

（六）建立健全黑土地投入保障制度

一是建立健全黑土地保护财政投入保障制度，建立长期稳定的奖补机制，并在项目资金安排上积极支持黑土地保护需要。

二是建立健全黑土地跨区域投入保护机制。

三是鼓励社会资本投入黑土地保护活动，并依法保障其合法权益。

（七）强化考核监督，加大处罚力度

一是建立考核监督制度，明确国务院对四省区人民政府黑土地保护责任落实情况进行考核，将黑土地保护情况纳入耕地保护责任目标；要求有关部门依职责联合开展监督检查；有关人民政府应当就黑土地保护情况依法接受本级人大监督。

二是明确任何组织和个人不得破坏黑土地资源，禁止盗挖、滥挖和非法买卖黑土。要求国务院有关部门建立健全保护黑土地资源监督管理制度，提高综合治理能力。

三是对破坏黑土地资源的违法行为从重处罚。规定违法将黑土地用于非农建设、盗挖、滥挖黑土，以及造成黑土地污染、水土流失的，依照土地管理、污染防治、水土保持等有关法律法规的规定从重处罚。

第四节　国家黑土地保护工程

2021 年，中央一号文件提出"实施国家黑土地保护工程"，把黑土地保护上升至国家战略。2021 年 7 月，《国家黑土地保护工程实施方案（2021—2025 年）》明确，"十四五"期间将完成 1 亿亩黑土地保护利用任务，黑土耕地质量明显提升，土壤有机质含量提高 10%以上。2022 年 1 月 4 日，《中共中央　国务院关于做好二〇二二年全面推进乡村振兴重点工作的意见》中提出：深入推进国家黑土地保护工程。

一、国家黑土地保护工程的目标任务

2021—2025 年，实施黑土耕地保护利用面积 1 亿亩（含标准化示范面积 1 800 万亩）。其中，建设高标准农田 5 000 万亩、治理侵蚀沟 7 000 条，实施免耕少耕秸秆覆盖还田、秸秆综合利用碎混翻压还田等保护性耕作 5 亿亩次（1 亿亩耕地每年全覆盖重叠 1 次）、有机肥深翻还田 1 亿亩。到"十四五"末，黑土地保护区耕地质量明显提升，旱地耕层达到 30 厘米、水田耕层达到 20~25 厘米，土壤有机质含量提高 10%以上，有效遏制黑土耕地"变薄、变硬、变瘦"退化趋势，防治水土流失，基本构建形成持续推进黑土地保护利用的长效机制。

二、国家黑土地保护工程的工作原则

（一）坚持保护优先、用养结合

针对黑土地长期高强度利用现状，统筹优化农业结构，推进种养循环、秸秆粪污资源化利用、合理轮作，推广综合治理技术，促进黑土地在利用中保护、在保护中利用。

（二）坚持因地制宜、分类施策

根据黑土地类型、水热条件、地形地貌、耕作模式等差异，水田、旱地、水浇地等耕地地类，科学分区分类，实施差异化治理。

（三）坚持政策协同、综合治理

结合区域内农田建设、水土保持、水利工程建设等规划，统筹工程与农艺措施，统一设计方案、统一组织实施、统一绩效考核，统筹工程建设、耕地保护、资源养护等不同渠道资金，强化政策协同，实行综合治理。

（四）坚持示范引领、技术支撑

以建设黑土地保护工程标准化示范区为引领，实施集中连片综合治理示范，带动大面积推广。加强技术支撑，建立由科研教育和技术推广单位组成的专家团队，推进治理技术创新，实行包片技术指导。

（五）坚持政府引导、社会参与

坚持黑土地保护的公益性、基础性、长期性，发挥政府投入引领作用，以市场化方式带动社会资本投入，引导农村集体经济组织、农户、企业积极参与，形成黑土地保护建设长效机制。

三、国家黑土地保护工程的主要实施内容

针对黑土耕地出现的"变薄、变硬、变瘦"问题，着重实施土壤侵蚀治理、农田基础设施建设、肥沃耕层培育等措施。

（一）土壤侵蚀治理

东北黑土区坡度 2°以上的坡耕地面积占比为 28%，以漫坡漫岗长坡耕地为主，汇水面积大，易遭受水蚀。在松嫩平原和大兴安岭东南低山丘陵的农牧交错带，干旱少雨多风，土壤风蚀严重。

1. 治理坡耕地，防治土壤水蚀

建设截水、排水、引水等设施，拦蓄和疏导地表径流，防止客水进农田。采用改顺坡垄为横坡垄、改长垄为短垄、等高种植；打地埂、修筑植物护坎、较长坡面建植物防冲带；坡耕地适宜地区修建梯田，推行改自然漫流为筑沟导流、固定生态植被等，预防控制水蚀。

2. 建设农田防护体系，防治土壤风蚀

因害设防，合理规划农田防护林体系，与沟、渠、路建设配套防护林带，大力营造各种水土保持防护林草，实现农田林网化、立体化防护。结合土壤、降水、积温、经营规模等实际情况，在适宜地区推广保护性耕作、精量播种，减少土壤扰动，减少土壤裸露，防治耕地土壤风蚀。

3. 治理侵蚀沟，修复和保护耕地

按照以小流域为单元治理的思路，采取截、蓄、导、排等工程和生物措施，形成综合治理体系。针对小型侵蚀沟，结合高标准农田建设实施沟道整形、暗管铺设、秸秆填沟、表层覆土等综合治理措施，把地表汇水导入暗管排水，将侵蚀沟修复为耕地。针对大中型侵蚀沟，修建拦沙坝等控制骨干工程，同时修建沟头防护、谷坊、塘坝等沟道防护设施，营造沟头、沟岸防护林以及沟底防冲林等水土保持林，配合沟道削坡、生态袋护坡等措施，构建完整的沟壑防护体系，以有效控制沟头溯源侵蚀和沟岸扩张。

（二）农田基础设施建设

针对黑土地盐碱化，渍涝排水不畅，灌溉设施、路网、电网不配套以及田间道路不适应现代农机作业要求等问题，加强田间灌排工程建设和田块整治，优化机耕路、生产路布局，配套输配电设施，改善实施保护性耕作的基础条件。

1. 完善农田灌排体系

针对渍涝导致的土壤黏重和盐渍化等问题，按照区域化治理，灌溉与排水并重，渍、涝和盐碱综合治理的要求，以提高灌区输水、配水效率和排灌保证率为目标，对灌区渠首、骨干输水渠道、排水沟、渠系建筑物等进行配套完善和更新改造，强化排水骨干工程建设。加强骨干工程与田间工程的有效衔接配套，完善田间排灌渠系，形成顺畅高效的灌排体系。

2. 加强田块整治

为防治坡耕地水土流失，促进秸秆还田、深松深耕等农艺措施实施，依托高标准农田建设，推进旱地条田化、水田格田化建设，合理划分和适度归并田块，确定田块的适宜耕作长度与宽度。平整土地，合理调整田块地表坡降，提高耕层厚度。完善灌区田间灌排体系，配套输配电设施，实现灌溉机井全部通电，大力推广节水灌溉，水田灌溉设计保证率不低于80%。

3. 开展田间道路建设

为推进宜机化作业，优化耕作制度，保障黑土地保护农艺措施落地落实，按照农机作业和运输需要，优化机耕路、生产路布局，推进路网密度、路面宽度、硬化程度、附属设施等规范化建设，使耕作田块农机通达率平原地区100%、丘陵山区90%以上。

（三）肥沃耕层培育

自20世纪50年代大规模开垦以来，东北典型黑土区逐渐由林草自然生态系统演变为人工农田生态系统，由于长期高强度利用，土壤有机质消耗流失多，秸秆、畜禽粪肥等有机物补充回归少，导致土壤有机质含量大幅降低，耕地基础地力下降。加之长期的小功率农机作业，翻耕深度浅，耕层厚度小于20厘米的耕地面积占一半左右。

1. 实施保护性耕作

优化耕作制度，推广应用免耕和少耕秸秆覆盖还田、秸秆碎混翻压还田等不同方式的保护性耕作。在适宜地区重点推广免耕和少耕秸秆覆盖还田技术类型的梨树模式 2.0，增加秸秆覆盖还田比例。在其余地区，改春整地为秋整地，旱地采取在秋季收获后实施秸秆机械粉碎翻压或碎混还田，推广一年深翻两年（或四年）免耕播种的"一翻两免（或四免）"的龙江模式、中南模式，黑土层与障碍层梯次混合、秸秆与有机肥改良集成的阿荣旗模式；水田采取秋季收获时直接秸秆粉碎翻埋还田，或春季泡田搅浆整地的三江模式。

2. 实施有机肥还田

秋季根据当地土壤基础条件和降水量特点，推行深松（深耕）整地，以渐进打破犁底层为原则，疏松深层土壤。利用大中型动力机械，结合秸秆粉碎还田、有机肥抛撒，开展深翻整地。在粪肥丰富的地区建设粪污贮存发酵堆沤设施，以畜禽粪便为主要原料堆沤有机肥并施用。

3. 推行种养结合、粮豆轮作

推进种养结合，按照以种定养、以养促种原则，推进养殖企业、农民专业合作社、大户与耕地经营者合作，促进畜禽粪肥还田，种养结合，用地养地。在适宜地区，以大豆为中轴作物，推进种植业结构调整，维持适当的迎茬比例解决大豆土传病害，加快建立米豆薯、米豆杂、米豆经等轮作制度。

通过肥沃耕层培育，旱地耕层厚度要达到 30 厘米，水田耕层厚度要达到 20~25 厘米，土壤有机质含量达到当地自然条件和种植水平的中上等。

（四）黑土耕地质量监测评价

为加强黑土耕地变化规律的研究和监测评价，建立健全黑土区耕地质量监测评价制度，完善耕地质量监测评价指标体系和网络，合理布设耕地质量长期定位监测站点和调查监测点，通过长期定位监测跟踪黑土耕地质量变化趋势，构建黑土耕地质量数据库。加强黑土地保护建设项目实施效果监测评价，作为第三方评价的参考。探索运用遥感监测、信息化管理手段监管黑土耕地质量。

1. 按土壤类型设立长期定位监测网

依托中国科学院、中国农业科学院、中国农业大学，以及相关省份科研教育单位，按照土壤类型，建立黑土地保护利用长期监测研究站。根据黑土区气候条件、地形地貌、地形部位、土壤类型、种植农作物等，统筹布设耕地质量监测网点，三江平原区、松嫩平原区、辽河平原区按每 10 万~15 万亩布设 1 个监测点，大兴安岭东南麓区、长白山—辽东丘陵山区按每 8 万~10 万亩布设 1 个监测点，监测黑土耕地质量主要指标。

2. 实施黑土地保护利用遥感监测

依托科研机构，探索将卫星和无人机多光谱、高光谱、地物光谱等遥感与探地雷达快速检测技术和地面监测技术融合，构建天空地多源数据监测体系，对耕地质量稳定性指标（地形部位、有效土层厚度、耕层质地等）进行测定与分析，对易变性指标（有机质、全量养分、速效养分、含水量、pH 值等）进行动态监测。探索结合大数据、物联网等信息化技术，实现监测指标快速获取、智能判断、综合评价。

3. 开展实施效果评价

与高标准农田建设相结合，开展黑土地保护利用工程实施效果评价。在高标准农田建设项目验收评价中，对道路通达率、灌排能力、农田林网化程度等进行评价，对影响耕地质量的土壤有机质、有效土层厚度等指标进行监测。及时开展项目效果评价，确保高标准农田建设在保护黑土地、提升耕地综合生产能力上发挥作用。完善黑土耕地质量监测指标体系和评价技术，开展执行期和任务完成时的数量和质量评价，监测工程实施效果。

第五章　土壤调查

第一节　土壤调查基础知识

一、土壤调查的概念

土壤调查，是野外研究土壤的一种基本方法。它以土壤地理学理论为指导，通过对土壤剖面形态及其周围环境的观察、描述记载和综合分析比较，对土壤的发生演变、分类分布、肥力变化和利用改良状况进行研究、判断。

二、土壤调查的内容

土壤调查的内容主要包括土壤空间分布特征、土壤肥力状况以及土壤微生物状况。

（一）土壤空间分布特征

土壤空间分布特征是指土壤类型、属性、质量等在地理空间上的分布与变化规律。这一部分是土壤调查的基础，对于指导农业生产、土地规划和环境保护具有重要意义。

1. 土壤类型分布

我国土壤类型繁多，不同地区、不同地形条件下的土壤类型各有特点。通过调查，可以明确各类土壤在地理空间上的分布范围，为进一步研究土壤属性和肥力状况提供基础数据。

2. 土壤属性分布

土壤属性包括土壤质地、结构、颜色、酸碱度等，这些属性直接影响土壤的生产力和生态环境。通过调查，可以了解各属性在不同区域的分布特点，为农业生产提供指导。

3. 土壤质量分布

土壤质量是指土壤在特定环境条件下，满足植物生长和维持生态系统健康的能力。通过评估土壤质量，可以了解土壤的健康状况，为土地规划和环境保护提供依据。

（二）土壤肥力状况

土壤肥力状况是土壤调查的核心内容，主要包括土壤有机质含量、土壤养分含量、土壤水分状况以及土壤环境污染状况。土壤肥力状况直接关系到土壤的生产力和农作物的生长状况。了解土壤肥力状况，可以为农业生产提供科学的施肥和改良措施。

1. 土壤有机质含量

有机质是土壤的重要组成部分，对土壤结构、水分保持和养分供应等方面具有重要影响。通过调查，可以了解土壤有机质的含量及分布情况，为合理施肥提供依据。

2. 土壤养分含量

土壤中的氮、磷、钾等营养元素是植物生长所必需的。通过调查，可以明确各类土壤中各营养元素的含量及分布情况，为科学施肥提供指导。

3. 土壤水分状况

土壤水分是植物生长的必要条件，对土壤肥力和农作物产量具有重要影响。通过调查，可以了解土壤水分的分布规律，为灌溉和排水提供科学依据。

4. 土壤环境污染状况

随着工业化和城市化的快速发展，土壤环境污染问题日益突

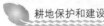

出。通过调查，可以了解土壤中重金属、有机物等污染物的含量及分布情况，为土壤环境保护和修复提供依据。

（三）土壤微生物状况

土壤微生物是土壤生态系统的重要组成部分，对土壤肥力和农作物生长具有重要影响。土壤微生物状况主要包括土壤微生物种类和数量、土壤微生物活性、土壤微生物群落结构。了解土壤微生物状况，可以为土壤改良和生态农业发展提供指导。

1. 土壤微生物种类和数量

通过调查，可以明确各类土壤中微生物种类和数量的分布情况，为土壤改良和生态农业发展提供依据。

2. 土壤微生物活性

微生物活性反映了微生物在土壤中的代谢活动和对养分的利用效率。通过调查，可以了解土壤微生物活性的分布状况，为土壤改良和提高土壤肥力提供指导。

3. 土壤微生物群落结构

微生物群落结构是指土壤中各类微生物之间的比例关系和相互作用。通过调查，可以了解微生物群落结构的分布情况，为土壤生态系统的稳定性和功能发挥提供依据。

三、土壤调查的步骤

（一）准备阶段

在这一阶段，首先土壤调查团队需要明确调查的目标，如污染、肥力、微生物状况等；接着确定调查的具体范围，如地理区域和土壤类型等。同时，还需要设定调查的质量标准，以确保收集的数据具有准确性和可靠性。

为了进行这些工作，调查团队需要收集各种背景资料，如地形图、遥感资料、土壤利用历史记录等。通过这些资料，可以了

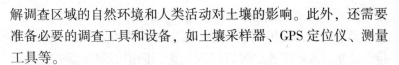

解调查区域的自然环境和人类活动对土壤的影响。此外，还需要准备必要的调查工具和设备，如土壤采样器、GPS 定位仪、测量工具等。

（二）野外作业阶段

在野外作业阶段，调查团队需亲自前往调查区域，进行实地土壤调查。首先，挖掘土壤剖面，观察土壤的层次结构和颜色变化。然后，采集土壤样品，进行后续的实验室分析。

在采集土壤样品的过程中，调查团队需要注意样品的代表性和均匀性。需要在不同的地点和深度采集样品，以确保收集到的数据能够反映整个调查区域的土壤状况。同时，还需要详细记录每个采样点的位置和环境信息，便于后续的数据分析。

此外，调查团队还会研究调查区内土壤的特性、分布与成土因素、人为因素之间的关系。观察土壤的颜色、质地、结构等特性，了解这些特性是如何受自然环境和人类活动的影响的。通过这些观察和研究，可以揭示土壤类型的差异及其自然分布规律。

（三）室内资料整理阶段

在室内资料整理阶段，调查团队会对在野外作业阶段收集到的各种资料和数据进行整理、分析和解释。

首先，将土壤样品的实验室分析结果与野外观察记录进行对比和分析，了解土壤的各项指标（如养分含量、污染物浓度等）的分布和变化规律。

其次，根据分析结果制定土壤分类系统和制图单元系统。这些系统可以帮助更好地理解和描述土壤的特性、分布和变异规律，也有助于绘制土壤图和其他相关图件，如污染分布图、肥力分布图等。

最后，调查团队会编写土壤调查报告和有关图件的说明书。在这些报告和说明书中会详细描述调查的过程、方法、结果和结论，为后续的土壤管理和利用提供科学依据。

总的来说，土壤调查的每个阶段都需要专业知识和技术支持。这些阶段的工作，可以使人们更全面地了解土壤资源的状况，为农业生产和环境保护提供重要的决策依据。

第二节　耕地环境质量调查

耕地环境质量是耕地质量的重要组成部分，其质量状况关系到农产品安全和人类健康。近年来，随着人们生活水平的提高和农产品国际化进程的加快，农产品质量安全问题受到全社会的普遍关注。查清耕地环境质量状况是合理布局农业产业结构、保障农产品安全的一项基础性工作。

一、样品采集

（一）采样方法

1. 布点原则

耕地环境质量调查采样点的确定按照农业农村部《测土配方施肥技术规范》，遵循均匀布点原则，综合考虑土壤类型、农作物布局，以第二次全国土壤普查（以下简称"土壤二普"）农化样点为必采点、耕地地力调查与环境质量调查采样点相衔接、采样点具有代表性等为原则。平均每13.3~20.0公顷定1个肥力调查点。

2. 布点方法

耕地地力调查布点，采用国土部门提供的土地利用现状图与土壤二普时的土壤类型图叠加形成的图斑，参考原来的农化样点位置，以镇、村行政区域为单元，将采样点位在各镇土壤普查资料图上标明，选择代表田块采样。

3. 采样方法与采样步骤

首先成立技术指导组，相关人员、乡镇农业技术推广站站长、土壤肥料技术人员集中培训后，以镇为单位分组统一进行。镇农技员逐村按土壤普查资料图找到确定的点位后，如该田未变动，就在该田取样，并用 GPS 定位仪定位。如已变动征用的，则在该田所列土种附近的其他田块取样。以便于与土壤普查时对比，采样深度为 0~20 厘米，土样采集统一用不锈钢取土器，在代表田块用五点法或"S"形采集 10~15 个点的土壤，混合后用四分法留 1 千克土壤装袋，在标签上填写样品类型、统一编号、野外编号、采样地点、采样深度、采样时间、采样人等。样品统一编号由样点所在村的行政代码加样品序号组成。野外编号由年份、镇名、样品序号 3 项组成。在采样时同时测量耕层深度，填写采样点记载表和农户调查表。取样回站后，土样当天掰细、摊晾在室内阴凉通风处。

（二）调查内容

在土壤采样的同时，调查田间基本情况、农户施肥情况等，填写采样地块基本情况调查表和农户施肥情况调查表。土壤采样地块基本情况调查表的主要内容包括样品编号、调查组号及采样地地理位置（地理坐标）、自然条件、生产条件、土壤类型、立地条件、剖面性状、障碍因素等。农户施肥情况调查表的主要内容包括农作物名称、农作物品种、播种期、收获期、生长期内降水次数、降水总量、灌溉次数、灌水总量、推荐施肥（含氮、磷、钾、有机肥、微量元素的推荐施肥量，目标产量，目标成本等）、实际施肥（含氮、磷、钾、有机肥、微量元素的实际施肥量，实际产量，实际成本等）、施肥时期、肥料品种等。户主在场的一般及时调查记录，户主不在的则由土肥员补充调查。

（三）资料整理

野外工作结束后，将采样的位置标入采样点位图，对调查收集的资料进行整理，并按农业农村部要求录入计算机。

二、样品分析

样品分析项目主要包括土壤农化指标和土壤环境质量指标。

（一）土壤农化指标

土壤农化指标包括有机质、全氮、有效磷、速效钾、pH 值等，选测全磷、缓效钾、阳离子交换量、有效态微量元素（铜、锌、铁、锰）含量、水溶性硼、有效钼、有效硫、有效硅等。

（二）土壤环境质量指标

土壤环境质量指标包括总汞、总砷、六价铬、总氰化物、氟化物、硫化物、氯化物、镉、铅、铜等。

三、评价因子

耕地环境质量评价是对各自然因素（如气候条件）和人为因素造成的耕地土壤立地条件、理化性状、养分状况、土壤管理等变化情况进行综合评价，根据综合指标划分地力等级。因此，要准确划分耕地地力，必须进行科学的评价。

（一）评价因子选取原则

影响耕地地力的因素很多，耕地地力评价选取评价因子的原则：一是选取的因子对耕地地力有比较大的影响；二是选取的因子在评价区域内的变异较大，便于划分耕地地力的等级；三是选取的因子在时间序列上具有相对的稳定性；四是选取的评价因子与评价区域面积相适应。

在选择评价因子时，要遵循以下几个原则。

1. 重要性原则

选取的因子对耕地生产能力有比较大的影响，如地形因素、土壤因素、灌排条件等。

2. 差异性原则

选取的因子在评价区域内的变异较大，便于划分耕地地力的等级。例如，在地形起伏较大的区域，地面坡度对耕地地力有很大影响，必须列入评价项目中；有效土层厚度是影响耕地生产能力的重要因素，在多数地方都列入评价指标体系，但在冲积平原地区，耕地土壤都是由松软的沉积物发育而成的，有效土层深厚而且比较均一，因此可以不作为参评因素。

3. 稳定性原则

选取的评价因子在时间序列上具有相对的稳定性，如土壤的质地、有机质含量等，评价的结果能够有较长的有效期。

4. 数据易获取原则

通过常规的方法即可以获取，如土壤养分含量、耕层厚度、灌排条件等。某些指标虽然对耕地生产能力有很大影响，但获取比较困难，或者获取的费用比较高，当前不具备条件，如土壤生物的种类和数量、土壤中某种酶的数量等生物学指标。在选取时应慎重。

5. 必要性原则

评价因子的选取与评价区域面积有密切的关系。当评价区域很大（国家或省级耕地地力评价）时，气候因素（降水、无霜期等）就必须作为评价因素。本项工作以县域为单位，在一个县的范围内，气候因素变化较小，可以不作为参评指标。

6. 精简性原则

并不是选取的指标越多越好，选取指标太多，工作量和费用都要增加。一般 8~15 个指标能够满足评价的需要。

全国专家组根据以上原则，对评价指标进行了筛选和量化的统一，建立了一个全国通用的地力评价指标体系。这一体系包含了立地条件、土壤养分、土壤管理、气候条件、障碍因素和剖面构型6大类共66项指标，作为全国通用的指标体系框架，各地根据具体情况从中选取部分指标建立当地的地力评价指标体系。

（二）评价方法

选择好评价因子后，就要对各个因素进行隶属度和权重的评价。

1. 单因素评价及隶属度——模糊评价法

（1）基本原理。模糊数学的概念和方法在农业系统数量化研究中得到了广泛应用。它提出了模糊子集、隶属度和隶属函数的概念。

模糊子集：一个模糊性概念就是一个模糊子集，模糊子集取自0~1任一数值（包括两端的0与1）。

隶属度：元素符合这个模糊性概念的程度。完全符合时隶属度为1，完全不符合时为0，部分符合取0与1之间的一个值。

隶属函数：表示元素与隶属度之间的解析函数。根据隶属函数，元素的每个值都可以算出其对应的隶属度。

（2）特尔斐法步骤。具体分为3步。

第一步：确定提问的提纲。列出的调查提纲应当用词准确，层次分明，集中于要判断和评价的问题。为了使专家易于回答问题，通常还在列出调查提纲的同时提供有关背景材料。

第二步：选择专家。为了做好耕地地力调查工作，可以邀请参加过土壤普查的专家，召开耕地地力评价指标体系研讨会。

第三步：调查结果的归纳、反馈和总结。收集到专家对问题的判断后，应一一归纳。定量判断的归纳结果通常符合正态分布。在仔细听取持极端意见专家的理由后，去掉两端各25%的意见，寻找出意见最集中的范围，然后把归纳结果反馈给专家，请他们再次提出自己的评价和判断。这样反复3~4轮后，专家的意见会逐步趋近一致，这时就可做出最后的分析报告。

2. 单因素权重的确定——层次分析法

层次分析法的基本原理是把复杂问题中的各个因素按照相互之间的隶属关系从高到低地排成若干层次，根据对一定客观现实的判断就同一层次相对重要性相互比较的结果，决定同一层次各元素重要性的先后次序。

在确定权重时，首先要建立层次结构，对所分析的问题进行层层解剖，根据它们之间的所属关系，建立一个多层次的架构，以利于问题的分析和研究。

层次分析法的另一个重点就是构造判断矩阵，用3层结构来分析，即目标层（A层）、准则层（B层）和指标层（C层）。对于目标层，要对准则层中的各因素进行相对重要性判断，可参照相关分析以及因子分析的结果，请专家或有经验的土壤专家分别给予判断和评估，从而得到准则层对于目标层的判断矩阵。同理也可得到指标层相对于各准则层的判断矩阵。

3. 确定综合性指数、分级和划分等级

根据加乘法则，对相互交叉的同类采用加法模型进行综合指数计算。根据综合指数的变化规律和实际情况确定分级方案，最后由分级方案划分各评价单元的等级。

四、耕地资源管理信息系统的建立

耕地资源管理信息系统是对耕地资源基础数据库进行高效管理的工具软件。

（一）资料收集与整理

开展耕地地力评价依赖于大量的标准化数据，这些数据主要来自土壤二普成果，以及30年来各地开展的各类土壤监测、土壤养分调查、地力调查与质量评价、肥效试验和田间示范等数据，还有来自测土配方施肥的野外调查、农户调查、土壤测试和田间试验示范等数据。对这些数据都要进行收集整理、依据一定规范建立标准化的属性数据库等。

（二）建立属性数据库

系统中有大量的信息，包括各种各样的属性数据。这些属性可以概括为两大类，即自然属性和社会属性。自然属性包括气候、地形地貌、水文地质、植被等自然成土因素和土壤剖面形态等；社会属性包括交通、农业经济、农业生产技术等。属性数据的获得，一是通过野外实际调查及测定；二是通过收集和分析相关学科已有的调查成果和文献资料。

五、资料汇总和图件编制

（一）资料汇总

资料汇总包括对收集资料和野外调查表格的整理和汇总。野外调查表格内容包括采样点基本情况调查表（包括旱地、水田等）、采样点农户调查表（包括旱地、水田等）、污染基本情况调查表等。整理后将其录入到系统中。

（二）图件编制

1. 耕地质量评价等级分布图

利用 ArcMap 软件对每一个评价单元进行综合评价，得出评价值，将评价结果分等定级，最后形成耕地质量评价等级图。

2. 土壤养分含量图

土壤养分含量图包括有机质含量图、全氮含量图、有效磷含量图、速效钾含量图等。利用统计分析模块，通过空间插值方法分别生成养分图层，按照土壤二普养分分级标准进行划分，生成不同等级的养分图。

3. 点位分布图

将 GPS 定位仪测定数据输入系统，经过转换生成样点点位分布图。

4. 农作物适宜性评价图

根据主栽农作物的特性和耕地土壤特性，进行农作物适宜性评价并编制评价图，为优化农作物布局提供信息。

5. 推荐施肥方案图

根据田间肥效试验结果和肥料效应函数模型，针对主要农作物的不同目标产量，确定土壤养分丰缺指标，结合土壤养分测定结果和土壤养分丰缺状况，编制推荐施肥方案图。

第三节　第三次全国土壤普查

2022 年 2 月 16 日，国务院印发《关于开展第三次全国土壤普查的通知》（以下简称《通知》），决定自 2022 年起开展第三次全国土壤普查，利用 4 年时间全面查清农用地土壤质量家底。《通知》明确了普查总体要求、对象与内容、时间安排、组织实施、经费保障和工作要求。2022 年 7 月 20 日，国务院第三次全国土壤普查领导小组办公室印发《第三次全国土壤普查技术规程（试行）》，规范了第三次全国土壤普查（以下简称"土壤三普"）的总体组织与任务要求，包括资料收集整理与准备工作、外业调查采样与内业测试化验等具体操作流程、质量控制体系、成果汇总与验收等。

一、第三次全国土壤普查概述

（一）什么是土壤普查

1. 土壤普查的概念

土壤普查是对土壤形成条件、土壤类型、土壤质量、土壤利用及其潜力的调查，包括立地条件调查，土壤性状调查和土壤利用方式、强度、产能调查。普查结果可为土壤的科学分类、规划利用、改良培肥、保护管理等提供科学支撑，也可为经济社会生态建设重大政策的制定提供决策依据。

2. 土壤三普和国土三调的区别

一是范围不同。土壤三普对象是全国耕地、园地、林地、草地等农用地和部分未利用地的土壤。其中，林地、草地中突出与食物生产相关的土地，未利用地重点调查与可开垦耕地资源潜力相关的土地，如盐碱地等。调查面积约为陆地国土的76%。国土三调对象是我国陆地国土。

二是目的不同。土壤三普的目的是查明全国土壤类型及分布，全面查清土壤资源现状和变化趋势，掌握土壤质量、土壤健康等基础数据，实现对土壤的"全面体检"。国土三调的目的是全面查清某一时间节点全国土地资源数量及利用状况，掌握真实准确的土地利用状况基础数据。

三是内容不同。土壤三普是对土壤理化和生物性状、土壤类型、土壤立地条件、土壤利用情况等的普查。国土三调是对土地利用现状及变化情况、土地权属及变化情况等的调查。

四是方法不同。土壤三普是调查采集表层土壤样品，挖掘土壤剖面、采集分层土样，分析化验土壤理化性状等，是三维立体式调查。国土三调是在第二次全国土地调查利用类型图基础上，通过遥感影像对土地利用现状进行判读，实地调查核实变化土地的地类、面积和权属，是二维平面式调查。

土壤三普与国土三调相互衔接，土壤三普需要用国土三调形成的土地利用现状图来编制工作底图，土壤三普成果可推动土地利用类型布局的优化，为确定特色农产品规划布局、后备耕地资源开发利用、土地治理等工作提供科学依据。

（二）第三次全国土壤普查的重要意义

土壤三普是一次重要的国情国力调查，对全面真实准确掌握土壤质量、性状和利用状况等基础数据，提升土壤资源保护和利用水平，落实最严格耕地保护制度和最严格节约用地制度，保障国家粮食安全，推进生态文明建设，促进经济社会全面协调可持续发展具有重要意义。

1. 开展土壤三普是守牢耕地红线、确保国家粮食安全的重要基础

随着经济社会发展，耕地占用刚性增加，要进一步落实耕地保护责任，严守耕地红线，确保国家粮食安全，需摸清耕地数量状况和质量底数。土壤二普距今已 40 年，相关数据不能全面反映当前农用地土壤质量状况，要落实"藏粮于地、藏粮于技"战略，守住耕地红线，需要摸清耕地质量状况。在国土三调已摸清耕地数量的基础上，迫切需要开展土壤三普工作，实施耕地的"全面体检"。

2. 开展土壤三普是落实高质量发展要求、加快农业农村现代化的重要支撑

完整、准确、全面贯彻新发展理念，推进农业发展绿色转型和高质量发展，节约水土资源，促进农产品量丰质优，都离不开土壤肥力与健康指标数据作支撑。推动品种培优、品质提升、品牌打造和标准化生产，提高农产品质量和竞争力，需要翔实的土壤特性指标数据作支撑。指导农户和新型农业经营主体因土种植、因土施肥、因土改土，提高农业生产效率，需要土壤养分和障碍指标数据作支撑。发展现代农业，促进农业生产经营管理信息化、精准化，需要土壤大数据作支撑。

3. 开展土壤三普是保护环境、促进生态文明建设的重要举措

随着城镇化、工业化的快速推进，大量废弃物排放直接或

间接影响农用地土壤质量：农田土壤酸化面积扩大、程度增加；土壤中重金属活性增强，土壤污染趋势加重，农产品质量安全受威胁；土壤生物多样性下降、土传病害加剧，制约土壤多功能发挥。为全面掌握全国耕地、园地、林地、草地等土壤性状，耕作、造林、种草用地土壤适宜性，协调发挥土壤的生产、环保、生态等功能，促进"碳中和"，需开展全国土壤普查。

4. 开展土壤三普是优化农业生产布局、助力乡村产业振兴的有效途径

人多地少是我国的基本国情，需要合理利用土壤资源，发挥区域比较优势，优化农业生产布局，提高水、土、光、热等资源利用率。优化农林牧业生产布局，因土适种、科学轮作、农牧结合，因地制宜多业发展，实现既保粮食和重要农产品有效供给又保食物多样，促进乡村产业兴旺和农民增收致富，需要土壤普查基础数据作支撑。

(三) 普查目的

开展土壤三普的目的是贯彻落实中央领导重要指示批示精神，全面摸清我国土壤质量家底，服务国家粮食安全、生态安全，促进农业农村现代化和生态文明建设。遵循普查的全面性、科学性原则，以土壤学理论和现代科学技术及手段为支撑，衔接已有成果，借鉴以往经验做法，强化统一工作平台、统一技术规程、统一工作底图、统一规划布设采样点位、统一筛选测试分析专业机构、统一过程质控的"六统一"技术路线，坚持摸清土壤质量与完善土壤类型、土壤性状普查与土壤利用调查、外业调查观测与内业测试化验、土壤表层样与剖面样采集、摸清土壤障碍因素与提出改良培肥措施、政府保障与专业支撑等"六个结合"工作方法，按照"统一领导、部门协

作、分级负责、各方参与"组织实施，通过 4 年左右的时间，实现对耕地、园地、林地、草地与部分未利用地土壤的"全面体检"。

二、第三次全国土壤普查的对象与内容

（一）普查对象

全国耕地、园地、林地、草地等农用地和部分未利用地的土壤。林地、草地中突出与食物生产相关的土地，未利用地重点调查与可开垦耕地资源潜力相关的土地，如盐碱地等。

（二）普查内容

以校核与完善土壤分类系统和绘制土壤图为基础，以土壤理化和生物性状普查为重点，更新和完善全国土壤基础数据，构建土壤数据库和样品库，开展数据整理审核、分析和成果汇总。查清不同生态条件、不同利用类型土壤质量及其障碍退化状况，查清特色农产品产地土壤特征、后备耕地资源土壤质量、典型区域土壤环境和生物多样性等，全面查清农用地土壤质量家底，系统完善我国土壤类型。

1. 土壤类型校核完善

以土壤二普形成的分类成果为基础，通过实地踏勘、剖面观察等方式核实与补充土壤类型，完善土壤发生分类系统，并推进典型区域土壤系统分类。

2. 土壤剖面性状调查

通过主要土壤类型的剖面挖掘观测、剖面样本制作、土壤样品采集和测试分析，普查剖面土壤发生层及其厚度、边界、颜色、质地、孔隙、结持性、新生体、植物根系和动物活动等。对于典型障碍土壤剖面，重点普查 1 米土壤剖面内砾石、黏磐、盐磐、铁磐、砂姜层、白浆层、潜育层、钙积层等障碍类型、分布

层次等。

3. 土壤理化和生物性状分析

通过土壤样品采集和测试，普查土壤机械组成、土壤容重、有机质、酸碱度、营养元素、重金属、有机污染物、典型区域土壤生物多样性等土壤物理、化学、生物指标。

4. 土壤利用情况调查

结合样点采样，重点调查成土条件、植被类型、植物（农作物）产量，以及耕地、园地的基础设施条件、种植制度、耕作方式、排灌设施情况等基础信息，肥料、农药、农膜等投入品使用情况，农业经营者开展土壤培肥改良、农作物秸秆还田等做法和经验。

5. 土壤质量状况分析

利用普查取得的土壤理化和生物性状、剖面性状和利用情况等基础数据，开展土壤质量分析，摸清土壤质量现状。

6. 土壤数据库构建

建立标准化、规范化的土壤数据库，包括空间数据库和属性数据库。空间数据库包括土壤类型图、采样点点位图、剖面分布图、养分分布图、土壤质量图、土壤利用适宜性评价图、地形地貌图、道路和水系图等。属性数据库包括土壤性状、土壤障碍及退化、土壤利用等指标，土壤利用类型数量、质量等数据。有条件的地方可以建立土壤数据管理中心，对数据成果进行汇总管理。

7. 普查成果汇交与应用

组织开展分级土壤普查成果汇总，包括图件成果、数据成果、文字成果和数据库成果。开展数据成果汇总分析，包括土壤质量状况、土壤改良与利用、土壤利用适宜性评价、农林牧业布局优化等。开展40年来全国土壤变化趋势及原因分析，提出防

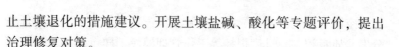

止土壤退化的措施建议。开展土壤盐碱、酸化等专题评价，提出治理修复对策。

8. 土壤样品库构建

依托科研教育单位，构建国家级和省级土壤剖面标本、土壤样品储存展示库，保存主要土壤类型的土壤剖面标本和样品。有条件的市县可建立土壤样品储存库。

三、第三次全国土壤普查的技术路线与方法

（一）第三次全国土壤普查的技术路线

以土壤二普、国土三调、全国农用地土壤污染状况详查、农业普查、耕地质量调查评价、全国森林资源清查固定样地体系等工作形成的相关成果为基础，以遥感技术、地理信息系统、全球定位系统、模型模拟技术、现代化验分析技术等为科技支撑，统筹现有工作平台、系统等资源，建立统一的土壤三普工作平台，实现普查工作全程智能化管理；统一技术规程，实现标准化、规范化操作；以土壤图、地形图、土地利用现状图、全国农用地土壤污染状况详查点位图等为基础，统一编制土壤三普工作底图；根据土壤类型、土地利用现状类型、地形地貌等工作底图统一规划布设外业采样点位；按照检测资质、基础条件、检测能力等，全国统一筛选测试化验专业机构，规范建立测试指标与方法；通过"一点一码"跟踪管理，统一构建涵盖普查全过程质控体系；依托土壤三普工作平台，国家级和省级分别开展数据分析和成果汇总；实现土壤三普标准化、专业化、智能化，科学、规范、高效推进普查工作。

（二）第三次全国土壤普查的基本方法

1. 构建平台

利用遥感技术、地理信息系统和全球定位系统、模型模拟技

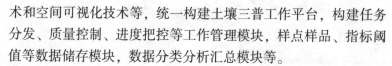

术和空间可视化技术等，统一构建土壤三普工作平台，构建任务分发、质量控制、进度把控等工作管理模块，样点样品、指标阈值等数据储存模块，数据分类分析汇总模块等。

2. 制作底图

利用1：5万2000坐标系土壤二普土壤图、1：1万2000坐标系国土三调土地利用现状图（2019年12月31日）、地形图、最新行政区划图等资料，统一制作满足不同层级使用的土壤三普工作底图。

3. 布设样点

在土壤三普工作底图上，根据地形地貌、土壤类型、土地利用类型和种植制度等划分出差异化样点区域，参考全国农用地污染状况详查布点、森林资源清查固定样地等，在样点区域上布设土壤采样点；根据主要土种（土属）的典型区域布设剖面样点。并与其他已完成的各专项调查工作衔接，保障相关调查采样点的统一性。样点样品实行"一点一码"，作为外业调查采样、内业测试化验、成果汇总分析等普查工作唯一信息溯源码。

4. 调查采样

省级统一组织开展外业调查与采样。根据统一布设的样点和调查任务，按照统一的采样标准，确定具体采样点位，调查立地条件与生产信息，采集表层土壤样品、典型代表剖面样等。表层土壤样品按照"S"形或梅花形等方法混合取样，剖面样品采取整段采集和分层采样。

5. 测试化验

以国家标准、行业标准和现代化验分析技术为基础，规范确定土壤三普统一的样品制备和测试化验方法。其中，重金属指标的测试方法与全国农用地土壤污染状况详查相衔接一致。开展标准化前处理，进行土壤样品的物理、化学等指标批量化测试。充分衔接已有专项调查数据，相同点位已有化验结果满足土壤三普要求的，不再重复测试相应指标。选择典型区域，利用土壤蚯蚓、线虫等动物形态学鉴定方法与高通量测序技术等，进行土壤生物指标测试。

6. 数据汇总

按照全国统一的数据库标准，建立分级数据库。采用内外业一体化数据采集建库机制和移动互联网技术，以省为单位进行数据汇总，形成集属性、文档、图件、影像于一体的土壤三普数据库。

7. 质量校核

统一技术规程，采用土壤三普工作平台开展全程管控，建立国家和地方抽查复核和专家评估制度。外业调查采样实行"电子围栏"航迹管理，样点样品编码溯源；测试化验质量控制采用标样、平行样、盲样、飞行检查等手段，分级审核测试数据；数据审核采用设定指标阈值等方法进行质控。

8. 成果汇总

采用现代统计方法，对土壤性状、土壤退化与障碍、土壤利用等数据进行分析，利用数字土壤模型等方法进行数字土壤制图，进行成果凝练与总结，阶段成果分段验收。

四、第三次全国土壤普查的组织实施

（一）组织方式

土壤普查是一项重要的国情国力调查，涉及范围广、参与部门多、工作任务重、技术要求高。土壤三普工作按照"统一领导、部门协作、分级负责、各方参与"的方式组织实施。国家层面成立国务院第三次全国土壤普查领导小组，负责统一领导，协调落实相关措施，督促普查工作按进度推进。领导小组下设办公室（挂靠农业农村部），负责组织落实普查相关工作，定期向领导小组报告普查进展；负责组织制定土壤三普工作方案、技术规程、技术标准等；负责组织全国普查的技术指导、省级普查技术培训和省级普查质量抽查；负责组织建立土壤三普工作平台、数据库，汇总提交普查报告等。

各省（自治区、直辖市）成立省级第三次全国土壤普查领导小组（下设办公室），负责本省（自治区、直辖市）土壤普查工作的组织实施，开展以县为单位的普查。依据土壤三普技术规程等，结合本省（自治区、直辖市）实际，编制土壤普查实施方案，明确组织方式、队伍组建、技术培训、进度安排等，报国务院第三次全国土壤普查领导小组办公室备案后实施。各省（自治区、直辖市）第三次全国土壤普查领导小组办公室具体负责本地区土壤普查工作落实、质量督查和成果验收等。

（二）进度安排

按照"一年试点、两年铺开、一年收尾"的时间安排进度有序开展。"十四五"期间全部完成普查工作，形成普查成果报国务院。

1. 2022年开展土壤三普试点工作

出台普查通知，建立组织机构，全面动员部署，印发工作方案和技术规程，构建普查工作平台，校核完善土壤二普形成的土壤分类图，完善普查底图，完成外业采样点位布设。在全国80个以上县开展试点，验证和完善土壤三普技术路线、方法及技术规程，健全工作机制，培训技术队伍。启动并完成盐碱地普查工作。

（1）动员部署。贯彻落实《通知》要求，以国务院第三次全国土壤普查领导小组名义召开电视电话会议动员部署，印发工作方案，正式启动土壤三普工作。

（2）选定试点县。在全国 80 个以上县开展试点，验证和完善土壤三普技术路线、方法及技术规程，逐步完善工作机制，构建一支本领过硬的技术队伍。推动全国盐碱地普查优先开展并于年底前完成。

（3）开展试点培训。各省（自治区、直辖市）组建省级土壤三普技术专家组和外业调查采样专业队伍，并组织开展技术培训、业务练兵、质量控制等。

（4）做好试点工作。按照普查工作内容、技术路线、技术规程、技术方法、工作手册等要求，完成各个环节试点任务。

（5）完善工作机制。总结试点工作经验，完善土壤三普技术规程、工作平台等，强化组织保障，压实各方责任，落实普查条件，加强宣传动员。

2. 2023—2024 年全面开展土壤三普工作

开展多层级技术实训指导，分时段完成外业调查采样和内业测试化验，强化质量控制，开展土壤普查数据库与样品库建设，形成阶段性成果。

（1）开展技术实训指导。组织普查技术专家对土壤三普工作平台应用、调查采样、测试化验、数据汇总等，分级分类分层次开展技术实训指导、质量控制等。

（2）组织外业调查采样。各省（自治区、直辖市）组织专业队伍，依靠县级支持，依据统一布设样点，严格按照相关技术规范在农闲空档期开展外业实地调查和采样，实时在线填报相关信息，按相关规范科学储运、分发样品至测试单位和存储单位。2024 年 11 月底前完成全部外业调查采样工作。

（3）组织内业测试化验。测试化验机构按照统一检测标准、检测方法，开展样品测试化验，实时在线填报测试结果。2024年年底前完成全部内业测试化验任务。

（4）组织抽查校核。根据工作进展，国家级和省级技术专家组分别开展外业调查采样、内业测试化验等核心环节的抽查校核工作，并根据抽查校核结果开展补充完善工作。

3. 2025 年形成土壤三普成果

国家级和省级组织开展土壤基础数据、土壤剖面调查数据和标本、土壤利用数据的审核、汇总与分析。绘制专业图件，撰写普查报告，形成数据、文字、图件、数据库、样品库等普查成果并与有关部门等共享。完成全国耕地质量报告和土壤利用适宜性评价报告，以及黑土地、盐碱地、酸化耕地改良利用等专项报告，全面总结普查工作。2025 年上半年，完成普查成果整理、数据审核，汇总形成土壤三普基本数据；下半年，建成土壤普查数据库与样品库，完成普查成果验收、汇交与总结，形成全国耕地质量报告和土壤利用适宜性评价报告。

第六章 高标准农田建设

第一节 高标准农田基础知识

一、高标准农田的概念

耕地是农业生产的重要物质基础，高标准农田是耕地中的精华。

由农业农村部牵头修订，经国家市场监督管理总局（国家标准化管理委员会）批准发布的《高标准农田建设 通则》（GB/T 30600—2022）（以下简称《通则》），用于统一指导全国的高标准农田建设。《通则》指出，高标准农田是指田块平整、集中连片、设施完善、节水高效、农电配套、宜机作业、土壤肥沃、生态友好、抗灾能力强，与现代农业生产和经营方式相适应的旱涝保收、稳产高产的耕地。这一定义是对高标准农田的最新解释。从这一定义中可以看出，高标准农田必须是耕地，而不是园地、林地、草地等。

二、高标准农田的特点

（一）生产力高

高标准农田经过土地整理和改良，拥有良好的土壤结构、肥力和水分条件，有利于农作物生长和产量提高。

（二）生态效益好

高标准农田通过合理的田间管理、农业生态系统设计等措施，提高农田生态系统的稳定性和生物多样性，有利于保护农业生态环境。

（三）抗灾能力强

高标准农田具备较好的排水、灌溉等配套设施，能够有效防止旱、涝灾害，减轻自然灾害对农业生产的影响。

（四）资源利用效率高

高标准农田通过优化种植结构、提高农田土地利用率等措施，实现农业资源的高效利用。

三、高标准农田建设的意义

（一）保障粮食安全

高标准农田能够提高农业生产效率，增加粮食产量，为保障国家粮食安全提供有力支撑。

（二）提高农业资源利用效率

高标准农田通过土地整理、土壤改良等措施，优化农田资源的利用，降低资源浪费。

（三）促进农业可持续发展

高标准农田的建设有利于改善农田生态环境，减少化肥和农药的使用，降低农业生产对环境的影响。

（四）提高农民收入

高标准农田的建设可以提高农作物产量和品质，从而增加农民收入，改善农民生活水平。

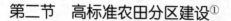

第二节 高标准农田分区建设①

依据区域气候特点、地形地貌、水土条件、耕作制度等因素，按照自然资源禀赋与经济条件相对一致、生产障碍因素与破解途径相对一致、粮食作物生产与农业区划相对一致、地理位置相连与省级行政区划相对完整的要求，将全国高标准农田建设分成7个区域。

以各分区的永久基本农田、粮食生产功能区和重要农产品生产保护区为重点，集中力量建设高标准农田，着力打造粮食和重要农产品保障基地。新增建设项目的建设区域应相对集中，土壤适合农作物生长，无潜在地质灾害，建设区域外有相对完善、能直接为建设区提供保障的基础设施。改造提升项目应优先选择已建高标准农田中建成年份较早、投入较低等建设内容全面不达标的建设区域，对于建设内容部分达标的项目区允许各地按照"缺什么、补什么"的原则开展有针对性的改造提升。对建设内容达标的已建高标准农田，若在规划期内达到规定使用年限，可逐步开展改造提升。限制建设区域包括水资源贫乏区域，水土流失易发区、沙化区等生态脆弱区域，历史遗留的挖损、塌陷、压占等造成土地严重损毁且难以恢复的区域，安全利用类耕地，易受自然灾害损毁的区域，沿海滩涂、内陆滩涂等区域。禁止在严格管控类耕地，自然保护地核心保护区，退耕还林区、退牧还草区，河流、湖泊、水库水面及其保护范围等区域开展高标准农田建设，防止破坏生态环境。

---

① 本节主要摘编自《全国高标准农田建设规划（2021—2030年）》。

一、东北区

（一）概述

东北区包括辽宁、吉林、黑龙江 3 省，以及内蒙古的赤峰、通辽、兴安和呼伦贝尔 4 盟（市）。地势低平，山环水绕。耕地主要分布在松嫩平原、三江平原、辽河平原、西辽河平原，以及大小兴安岭、长白山和辽东半岛山麓丘陵。耕地集中连片，以平原区为主、丘陵漫岗区为辅。土壤类型以黑土、暗棕壤和黑钙土为主，是世界主要"黑土带"之一。耕地立地条件较好，土壤比较肥沃，耕地质量等级以中上等为主。春旱、低温冷害较严重，土壤墒情不足；部分耕地存在盐碱化和土壤酸化等障碍因素，土壤有机质含量下降、养分不平衡。坡耕地与风蚀沙化土地水土和养分流失较严重，黑土地退化和肥力下降风险较大。夏季温凉多雨，冬季严寒干燥，年降水量 300～1 000 毫米，水资源总量相对丰富，但分布不均；平原区地下水资源量约占水资源总量的 33%，但局部地区地下水超采严重。农作物以一年一熟为主，是世界著名的"黄金玉米带"，也是我国优质粳稻、高油大豆的重要产区。农田基础设施较为薄弱，有效灌溉面积少，田间道路建设标准低，农田输配水、农田防护林和生态保护等工程设施普遍缺乏。已经建成高标准农田面积约 1.67 亿亩，未来建设任务仍然艰巨。已建高标准农田投资标准偏低，部分项目因设施不配套、老化或损毁，没有发挥应有作用，改造提升需求迫切。加快推进高标准农田新增建设工作，兼顾改造提升任务，加强田间工程配套，提高田间工程标准，重点建设水稻、玉米、大豆、甜菜等保障基地。

（二）建设重点

针对黑土地退化、冬干春旱、水土流失、积温偏低等粮食生产主要制约因素，以完善农田灌排设施、保护黑土地、节水增粮为主攻方向，围绕稳固提升水稻、玉米、大豆、甜菜等粮食和重要农产品产能，开展高标准农田建设，亩均粮食产能达到650千克。

（1）合理划分和适度归并田块，开展土地平整，田块规模适度。土地平整应避免打乱表土层与心土层，无法避免时应实施表土剥离回填工程。丘陵漫岗区沿等高线实施条田化改造。通过客土回填、挖高填低等措施保障耕层厚度，平原区水浇地和旱地耕层厚度不低于30厘米、水田耕层厚度不低于25厘米。

（2）以黑土地保护修复为重点，加强黑土地保护利用。通过实施等高种植、增施有机肥、秸秆还田、保护性耕作、秸秆覆盖、深松深耕、粮豆轮作等措施，增加土壤有机质含量，保护修复黑土地微生态系统，提高耕地基础地力。结合耕地质量监测点分布现状，每5万亩左右建设1个耕地质量监测点，开展长期定位监测。高标准农田的土壤有机质含量平原区一般不低于30克/千克，耕地质量等级宜达到3.5等以上。

（3）适当增加有效灌溉面积，配套灌排设施，完善灌排工程体系。配套输配电设施，满足生产和管理需要。因地制宜开展管道输水灌溉、喷灌、微灌等高效节水灌溉设施建设。三江平原等水稻主产区，完善地表水与地下水合理利用工程体系，控制地下水开采，推广水稻控制灌溉。改造完善平原低洼区排水设施。实现水田灌溉设计保证率不低于80%，旱作区农田排水设计暴雨重现期达到5~10年一遇，水稻区农田排水设计暴雨重现期达到10年一遇。

（4）合理确定路网密度，配套机耕路、生产路。机耕路路面宽度宜为4~6米，一般采用泥结石或砂石路面，暴雨冲刷严重地区应采用硬化措施。生产路路面宽度一般不超过3米，一般采用泥结石或砂石路面。平原区需满足大型机械作业要求，路面宽度可适度放宽，修筑下田坡道等附属设施。田间道路直接通达的田块数占田块总数的比例，平原区达到100%，丘陵漫岗区达到90%以上。

（5）在风沙危害区配套建设和修复农田防护林，水田区可结合干沟（渠）和道路设置防护林。丘陵漫岗区应合理修筑截水沟、排洪沟等坡面水系工程和谷坊、沟头防护等沟道治理工程，配套必要的农田林网，形成完善的坡面和沟道防护体系，控制农田水土流失。受防护的农田占建设区面积的比例不低于85%。

二、黄淮海区

（一）概述

黄淮海区包括北京、天津、河北、山东和河南5省（直辖市）。地域广阔，平原居多，山地、丘陵、河谷穿插。耕地主要分布在滦河、海河、黄河、淮河等冲积平原，以及燕山、太行山、豫西、山东半岛山麓丘陵。耕地以平原区居多。土壤类型以潮土、砂姜黑土、棕壤、褐土为主。耕地立地条件较好，土壤养分含量中等，耕地质量等级以中上等居多。耕层变浅，部分地区土壤可溶性盐含量和碱化度超过限量，土壤板结，犁底层加厚，土壤容重变大，蓄水保肥能力下降。淮河北部及黄河南部地区砂姜黑土易旱易涝，地力下降潜在风险大。夏季高温多雨，春季干旱少雨，年降水量500~900毫米，但时空分布差异大，灌溉水总量不足，地下水超采面积大，形成多个漏斗区。农作物以一年两熟或两年三熟为主，是我国优质小麦、玉米、大豆和棉花的主要产区。农田基础设施水平不高，田间沟渠防护少，灌溉水利用效率偏低。已经建成高标准农田面积约1.76亿亩，未来建设任务仍然较重。已建高标准农田投资标准偏低，部分项目工程设施维修保养不足、老化损毁严重，无法正常运行，改造提升需求迫切。规划期内应统筹推进高标准农田新增建设和改造提升，重点建设小麦、玉米、大豆、棉花等保障基地。

（二）重点建设

针对春旱夏涝易发、地下水超采严重、土壤有机质含量下降、土壤盐碱化等粮食生产主要制约因素，以提高灌溉保证率、农业用水效率、耕地质量等为主攻方向，围绕稳固提升小麦、玉米、大豆、棉花等粮食和重要农产品产能，开展高标准农田建设，亩均粮食产能达到800千克。

（1）合理划分、提高田块归并程度，满足规模化经营和机械化生产需要。山地丘陵区因地制宜修建水平梯田。实现耕地田块相对集中、田面平整，耕层厚度一般达到25厘米以上。

（2）推行秸秆还田、深耕深松、绿肥种植、有机肥增施、配方施肥、施用土壤调理剂、客土改良质地过砂土壤等措施，保护土壤健康。综合利用耕作压盐、工程改碱压盐等措施，开展盐碱化土壤治理。有条件的地方配套秸秆还田和农家肥积造设施。结合耕地质量监测点分布现状，每4万亩左右建设1个耕地质量监测点，开展长期定位监测。土壤有机质含量平原区一般不低于15克/千克、山地丘陵区一般不低于12克/千克，土壤pH值一般保持在6.0~7.5，盐碱区土壤pH值不超过8.5，耕地质量等级宜达到4等以上。

（3）改造提升田间灌排设施，完善井渠结合灌溉体系，防止次生盐碱化。推进管道输水灌溉、喷灌、微灌等高效节水灌溉工程建设。配套输配电设施，满足生产和管理需要。山地丘陵区因地制宜建设小型蓄水设施，提高雨水和地表水集蓄利用能力。水资源紧缺地区灌溉保证率达到50%以上，其余地区达到75%以上，旱作区农田排水设计暴雨重现期达到 5~10 年一遇。

（4）合理确定路网密度，配套机耕路、生产路，修筑机械下田坡道等附属设施。机耕路路面宽度一般为 4~6 米，宜采用混凝土、沥青、碎石等材质，暴雨冲刷严重地区应采用硬化措施。生产路路面宽度一般不超过 3 米，宜采用碎石、素土等材质。田间道路直接通达的田块数占田块总数的比例，平原区达到100%，丘陵区达到 90% 以上。

（5）农田林网布设应与田块、沟渠、道路有机衔接。在有显著主害风的地区，应采取长方形网格配置，应尽可能与生态林、环村林等相结合。合理修建截水沟、排洪沟等工程，达到防洪标准，防治水土流失。受到有效防护的农田面积比例应不低于 90%。

三、长江中下游区

（一）概述

长江中下游区，包括上海、江苏、安徽、江西、湖北和湖南6 省（直辖市）。平原与丘岗相间，河谷与丘陵交错，平原区河网密布。耕地主要分布在江汉平原、洞庭湖平原、鄱阳湖平原、皖苏沿江平原、里下河平原和长江三角洲平原，以及江淮、江南山地丘陵。大部分耕地在平原区，坡耕地不多。土壤类型以水稻土、黄壤、红壤、潮土为主。土壤立地条件较好，土壤养分处于中等水平，耕地质量等级以中等偏上为主。土壤酸化趋势较重，有益微生物减少，存在滞水潜育等障碍因素。夏季高温多雨，冬季温和少雨，年降水量 1 000~1 500 毫米，水资源丰富，灌溉水源充足。农作物以一年两熟或一年三熟为主，是我国水稻、油菜、小麦和棉花的重要产区。农田基础设施配套不足，田间道路、灌排、输配电和农田防护与生态环境保护等工程设施参差不齐。已经建成高标准农田面积约 1.77 亿亩，未来建设任务仍然较重。已建高标准农田建设标准不高，防洪抗旱能力不足，部分项目因工程设施不配套、老化或损毁问题，长期带"病"运行，改造提升需求迫切。应加强农田防护工程建设，提升平原圩区、渍害严重区的农田防洪除涝能力，有序推进高标准农田新增建设和改造提升，重点建设水稻、小麦、油菜、棉花等保障基地。

（二）重点建设

针对田块分散、土壤酸化、土壤潜育化、暴雨洪涝灾害多发、季节性干旱等主要制约因素，以增强农田防洪排涝能力、土壤改良为主攻方向，围绕稳固提升水稻、小麦、油菜、棉花等粮食和重要农产品产能，开展高标准农田建设。亩均粮食产能达到1 000千克。

（1）合理划分和适度归并田块，平原区以整修条田为主，山地丘陵区因地制宜修建水平梯田。水田应保留犁底层。耕层厚度一般在 20 厘米以上。

（2）改良土体，消除土体中明显的黏磐层、砂砾层等障碍因素。通过施用石灰质物质等方法，治理酸化土壤。培肥地力，推行种植绿肥、增施有机肥、秸秆还田、测土配方施肥等措施，有条件的地方配套水肥一体化、农家肥积造设施。结合耕地质量监测点分布现状，每 3.5 万亩左右建设 1 个耕地质量监测点，开展长期定位监测。土壤有机质含量宜达到 20 克/千克以上，土壤pH 值一般达到 5.5~7.5，耕地质量等级宜达到 4.5 等以上。

（3）开展旱、涝、渍综合治理，合理建设田间灌排工程。因地制宜修建蓄水池和小型泵站等设施，加强雨水和地表水利用。推行渠道防渗、管道输水灌溉和喷灌、微灌等节水措施。开展沟渠配套建设和疏浚整治，增强农田排涝能力，防治土壤潜育化。配套输配电设施，满足生产和管理需要。倡导建设生态型灌排系统，加强农田生态保护。水稻区灌溉保证率达到90%，水稻区农田排水设计暴雨重现期达到10年一遇，旱作区农田排水设计暴雨重现期达到5~10年一遇。

（4）合理规划建设田间路网，优先改造利用原有道路，平原区田间道路应短顺平直，山地丘陵区应随坡就势。机耕路路面宽度宜为3~6米，宜采用沥青、混凝土、碎石等材质，重要路段应采用硬化措施。生产路路面宽度一般不超过3米，宜采用碎石、素土等材质，暴雨冲刷严重地区可采用硬化措施。配套建设桥（涵）和农机下田设施，满足农机作业、农资运输等农业生产要求。鼓励建设生态型田间道路，减少硬化道路对生态的不利影响。田间道路直接通达的田块数占田块总数的比例，平原区达到100%，丘陵区达到90%以上。

（5）新建、修复农田防护林，选择适宜的乡土树种，沿田边、沟渠或道路布设，宜采用长方形网格配置。水土流失易发区，合理修筑岸坡防护、沟道治理、坡面防护等设施。农田防护面积比例应不低于80%。

四、东南区

（一）概述

东南区，包括浙江、福建、广东和海南4省。平原较少，山地丘陵居多。耕地主要分布在钱塘江、珠江、闽江、韩江、南渡江三角洲平原，以及浙闽、南岭、海南山地丘陵。耕地以平地居多。土壤类型以水稻土、赤红壤、红壤、砖红壤为主。耕地立地条件一般，土壤养分处于中等水平，耕地质量等级以中等偏下为主。部分地区农田土壤酸化、潜育化，部分水田冷浸问题突出。气候温暖多雨，台风暴雨多发，年降水量1 400~2 000毫米，水资源丰沛。农作物以一年两熟或一年三熟为主，是我国水稻、糖料蔗重要产区。农田基础设施配套不足，田间道路、灌排、输配电和农田防护等工程设施建设标准不高。已经建成高标准农田面积约0.55亿亩，未来建设任务较重。已建高标准农田建设标准不高，防御台风暴雨能力不足，部分项目因工程设施不配套、老化或损毁问题，长期带"病"运行，改造提升需求迫切。应加强农田基础设施建设，增强农田防洪抗灾能力，加大土壤酸化、土壤潜育化和冷浸田改良，有序推进高标准农田新增建设和改造提升，重点建设水稻、糖料蔗等保障基地。

（二）重点建设

针对山地丘陵多、地块小而散、土壤酸化、土壤潜育化、台风暴雨危害等粮食生产主要制约因素，以增强农田防御风暴能力、改良土壤酸化、改良土壤潜育化为主攻方向，围绕巩固提升水稻、糖料蔗等粮食和重要农产品产能，开展高标准农田建设，亩均粮食产能达到900千克。

（1）开展田块整治，优化农田结构和布局。平原区以修建水平条田为主，山地丘陵区因地制宜修筑梯田，梯田化率达到90%以上。通过表土层剥离再利用、客土回填、挖高垫低等方式开展土地平整，增加农田土体厚度，耕层厚度宜达到20厘米以上。

（2）推行种植绿肥、增施有机肥、秸秆还田、冬耕翻土晒田、施用石灰深耕改土、测土配方施肥、水肥一体化、水旱轮作等措施，培肥耕地基础地力，改良渍涝潜育型耕地，治理酸化土壤，促进土壤养分平衡。结合耕地质量监测点分布现状，每3.5万亩左右建设1个耕地质量监测点，开展长期定位监测。土壤有机质含量宜达到20克/千克以上，土壤pH值一般保持在5.5~7.5，耕地质量等级宜达到5等以上。

（3）按照旱、涝、渍、酸综合治理要求，合理建设田间灌排工程。鼓励建设生态型灌排系统，保护农田生态环境。因地制宜建设和改造灌排沟渠、管道、泵站及渠系建筑物，加强雨水集蓄利用、沟渠清淤整治等工程建设。完善配套输配电设施。水稻区灌溉保证率达到85%以上，水稻区农田排水设计暴雨重现期达到10年一遇，旱作区农田排水设计暴雨重现期达到5~10年一遇。

（4）开展机耕路、生产路建设和改造，科学配套建设农机下田坡道、桥（涵）、错车点和末端掉头点等附属设施，满足农机作业、农资运输等农业生产要求。机耕路路面宽度宜为3~6米，生产路路面宽度一般不超过3米。暴雨冲刷严重地区应采用硬化措施。田间道路直接通达的田块数占田块总数的比例，平原区达到100%，丘陵区达到90%以上。

（5）因地制宜开展农田防护和生态环境保护工程建设。台风威胁严重区，合理修建农田防护林、排水沟和护岸工程。水土流失易发区，与田块、沟渠、道路等工程相结合，合理开展岸坡防护、沟道治理、坡面防护等工程建设。受防护的农田面积比例应不低于80%。

五、西南区

（一）概述

西南区，包括广西、重庆、四川、贵州和云南5省（自治区、直辖市）。地形地貌复杂，喀斯特地貌分布广，高原山地盆地交错。耕地主要分布在成都平原、川中丘陵和盆周山区，以及广西盆地、云贵高原的河流冲积平原、山地丘陵。以坡耕地为主，地块小而散，平地较少。土壤类型以水稻土、紫色土、红壤、黄壤为主。土壤立地条件一般，耕地质量等级以中等为主。土壤酸化较重，农田滞水潜育现象普遍；山地丘陵区土层浅薄、贫瘠、水土流失严重；石漠化面积大。气候类型多样，年降水量600~2 000毫米，水资源较丰沛，但不同地区、季节和年际间差异大。生物多样性突出，农产品种类丰富，以一年两熟或一年三熟为主，是我国水稻、玉米、油菜重要产区和糖料蔗主要产区。农田建设基础条件较差，田间道路、灌排等工程设施普遍不足，农田防护能力差，水土流失严重，抵御自然灾害能力不足。已经建成高标准农田面积约1.17亿亩，未来建设任务依然较重。已建高标准农田建设标准不高，维修保养难度大，部分项目因工程设施不配套、老化或损毁问题不能正常发挥作用，改造提升需求迫切。应加强细碎化农田整理，丘陵区建设水平梯田，配套农田防护设施，大力加强高标准农田新增建设和改造提升，重点建设水稻、玉米、油菜、糖料蔗等保障基地。

（二）重点建设

针对山地丘陵多、耕地碎片化、工程性缺水、土壤保水能力差、水土流失易发等粮食生产主要制约因素，以提高梯田化率和道路通达度、增加土体厚度为主攻方向，围绕稳固提升水稻、玉米、油菜、糖料蔗等粮食和重要农产品产能，开展高标准农田建设，亩均粮食产能达到850千克。

（1）山地丘陵区因地制宜修筑梯田，田面长边平行等高线布置，田面宽度应便于机械化作业和田间管理，配套坡面防护设施。在易造成冲刷的土石山区，结合石块、砾石的清理，就地取材修筑石坎。平坝区以修建条田为主，提高田块格田化程度。土层较薄地区实施客土填充，增加耕层厚度。梯田化率宜达到90%以上，耕层厚度宜达到20厘米以上。

（2）因地制宜建设秸秆还田和农家肥积造设施，推广秸秆还田、增施有机肥、种植绿肥等措施，提升土壤有机质含量。合理施用石灰质物质等土壤调理剂，改良酸化土壤。采用水旱轮作等措施，改良渍涝潜育型耕地。实施测土配方施肥，促进土壤养分相对均衡。结合耕地质量监测点分布现状，每3.5万亩左右建设1个耕地质量监测点，开展长期定位监测。土壤有机质含量宜达到20克/千克以上，土壤pH值一般保持在5.5~7.5，耕地质量等级宜达到5等以上。

（3）修建小型泵站、蓄水设施等，加强雨水集蓄利用，开展沟渠清淤整治，提高供水保障能力。盆地、河谷、平坝地区配套灌排设施，完善田间灌排工程体系。发展管灌、喷灌、微灌等高效节水灌溉，提高水资源利用效率。配套输配电设施，满足生产和管理需要。水稻区灌溉设计保证率一般达到80%以上，水稻区农田排水设计暴雨重现期达到10年一遇，旱作区农田排水设计暴雨重现期达到5~10年一遇。

（4）优化田间道路布局，合理确定路网密度、路面宽度、路面材质，整修和新建机耕路、生产路，配套建设农机下田坡道、错车点、末端掉头点、桥（涵）等附属设施，提高农田道路通达率和农业生产效率。田间道路直接通达的田块数占田块总数的比例，平原区达到100%，山地丘陵区不低于90%。

（5）因害设防，合理新建、修复农田防护林。在水土流失易发区，采用修筑岸坡防护、沟道治理、坡面防护等设施。在岩溶石漠化地区，综合采用拦沙谷坊坝、沉沙池、地埂绿篱等措施，改善农田生态环境，提高水土保持能力。农田防护面积比例应不低于90%。

六、西北区

（一）概述

西北区，包括山西、陕西、甘肃、宁夏和新疆（含新疆生产建设兵团）5省（自治区），以及内蒙古的呼和浩特、锡林郭勒、包头、乌海、鄂尔多斯、巴彦淖尔、乌兰察布、阿拉善 8 盟（市）。地域广阔，地貌多样，有高原、山地、盆地、沙漠、戈壁、草原，以塬地、台地和谷地为主。耕地主要分布在黄土高原、汾渭平原、河套平原、河西走廊，以及伊犁河、塔里木河等干支流谷地和内陆诸河沿岸的绿洲区。土壤类型以黄绵土、灌淤土、灰漠土、褐土、栗褐土、栗钙土、潮土、盐化土为主。耕地立地条件较差，土壤贫瘠，耕地质量等级以中下等为主。土壤有机质含量低，盐碱化、沙化严重，地力退化明显，保水保肥能力差。光照充足，风沙较大，生态环境脆弱，年降水量 50～400 毫米，干旱缺水，是我国水资源最匮乏地区，农业开发难度较大。农作物以一年一熟为主，是我国小麦、玉米、棉花、甜菜的重要产区。农田建设基础条件薄弱，田间道路连通性差、通行标准低，农田灌排工程普遍缺乏，农田防护水平低，土壤沙化、盐碱化严重，农业生产力水平较低。已经建成高标准农田面积约 1.02 亿亩，未来建设任务仍然很重。已建高标准农田维修保养难度较大，部分项目因工程设施不配套、老化或损毁问题不能正常发挥作用。应加强土壤改良和农田节水工程建设，提升道路通行标准，积极推进高标准农田新增建设和改造提升，重点建设小麦、玉米、棉花、甜菜等保障基地。

（二）重点建设

针对风沙侵蚀、干旱缺水、土壤肥力不高、水土流失严重、次生盐碱化等粮食生产主要制约因素，以完善农田基础设施、培肥地力为主攻方向，围绕稳固提升小麦、玉米、棉花、甜菜等粮食和重要农产品产能，开展高标准农田建设，亩均粮食产能达到 450 千克。

（1）开展土地平整，合理划分和适度归并田块。土地平整应避免打乱表土层与心土层，无法避免时应实施表土剥离回填工程。汾渭平原、河套平原、河西走廊、伊犁河谷地、塔里木河谷地等平原区依托有林道路或较大沟渠，进行田块整合归并形成条田。黄土高原等丘陵沟壑区因地制宜修建等高梯田，增强农田水土保持能力。耕层厚度达到25厘米以上。

（2）培肥耕地地力，因地制宜建设秸秆还田和农家肥积造设施，大力推行秸秆还田、增施有机肥、种植绿肥、测土配方施肥等措施。通过工程手段、施用土壤调理剂等措施改良盐碱土壤。结合耕地质量监测点分布现状，每5万亩左右建设1个耕地质量监测点，开展长期定位监测。土壤有机质含量宜达到12克/千克以上，土壤pH值一般保持在6.0~7.5，盐碱地不高于8.5，耕地质量等级宜达到6等以上。

（3）汾渭平原、河套平原、河西走廊、伊犁河谷地、塔里木河谷地等平原区完善田间灌排设施，大力发展管灌、喷灌、微灌等高效节水灌溉，提高水资源利用率。黄土高原等丘陵沟壑区因地制宜改造建设蓄水设施和小型泵站，加强雨水和地表水利用，提高灌溉保障能力。配套建设输配电设施，满足生产和管理需要。高标准农田灌溉保证率达到50%以上，旱作区农田排水设计暴雨重现期达到5~10年一遇。

（4）合理确定路网密度，配套机耕路、生产路，修筑桥（涵）和下田坡道等附属设施。机耕路路面宽度宜为3~6米，生产路路面宽度一般控制在3米以下，满足农机作业、农资运输等农业生产要求。田间道路直接通达的田块数占田块总数的比例，平原地区达到100%，丘陵沟壑区达到90%以上。

（5）风沙危害区配套建设和修复农田防护林，丘陵沟壑区合理修筑截水沟、排洪沟等坡面水系工程和谷坊、沟头防护等沟道治理工程，保护农田生态环境，减少水土流失，受防护的农田占建设区面积的比例不低于90%。

七、青藏区

（一）概述

青藏区，包括西藏、青海2省（自治区）。地势高耸，雪山连绵，湖沼众多，湿地广布，自然保护区面积大，是我国西部重要的生态屏障。耕地主要分布在南部雅鲁藏布江、怒江、澜沧江、金沙江等干支流谷地，东北部黄河干流及湟水河谷地，北部柴达木盆地周围。山地和丘陵地较多，坡耕地占比较高。土壤类型以亚高山草甸土、黑钙土、栗钙土为主。耕地立地条件差，土壤贫瘠，耕地质量等级较低。土壤肥力差，土层浅薄，存在砂砾层等障碍层次。青藏高原是亚洲许多著名大河发源地，水资源总量占全国的22.71%，年降水量50~2 000毫米。高寒气候，可耕地少，农业发展受到限制，农作物以一年一熟的小麦、青稞生产为主。农田建设基础条件薄弱，田间道路、灌排、输配电和农田防护与生态环境保护等工程设施普遍短缺，农业生产力水平低下。已经建成高标准农田面积约617万亩，未来建设任务仍然很重。已建高标准农田维修保养十分困难，工程设施不配套、老化或损毁问题最为突出。应加大农田生态保护，加强沿河引水灌溉区农田开发建设，科学推进高标准农田新增建设和改造提升，重点建设小麦、青稞等保障基地。

（二）重点建设

针对高原严寒、热量不足、耕地土层薄、土壤贫瘠、生态环境脆弱等主要制约因素，以完善农田基础设施、改良土壤为主攻方向，围绕稳固提升小麦、青稞等粮食和重要农产品产能，开展高标准农田建设，亩均粮食产能达到300千克。

（1）综合考虑农机作业、灌溉排水和生态保护需要，开展田块整治。平原区推行水平条田建设，山地丘陵区开展水平梯田化改造，通过填补客土、挖深垫浅增加农田土体厚度，使耕层厚度达到 20 厘米以上。

（2）因地制宜通过农艺、生物、化学、工程等措施，加强耕地质量建设，改善土壤结构，培肥基础地力，促进养分平衡，治理土壤盐碱化，提高耕地粮食综合生产能力。结合耕地质量监测点分布现状，每 5 万亩左右建设 1 个耕地质量监测点，开展长期定位监测。土壤有机质含量宜达到 12 克/千克以上，土壤 pH 值一般保持在 6.0~7.5，耕地质量等级宜达到 7 等以上。

（3）合理建设田间灌溉排水工程，大力推行渠道防渗、管道输水灌溉、喷灌、微灌等节水措施，配套完善输配电设施，增加农田有效灌溉面积，提高农业灌溉用水效率，增强农田抗旱防涝能力，农田灌溉设计保证率达到 50%以上，旱作区农田排水设计暴雨重现期达到 5~10 年一遇。

（4）开展田间机耕路、生产路建设和改造，机耕路路面宽度宜为 3~6 米，生产路路面宽度一般不超过 3 米，可酌情采用混凝土、沥青、碎石、泥结石或素土等材质，暴雨冲刷严重地区应采用硬化措施。配套建设农机下田坡道、桥（涵）、错车点和末端掉头点等附属设施，提升完善农田路网工程。田间道路直接通达的田块数占田块总数的比例，平原区达到 100%，山地丘陵区达到 90%以上。

（5）建设农田防护和生态环境保护工程。风沙危害区，结合立地和水源条件，合理选择树种，修建农田防护林。水土流失区，与田块、沟渠、道路等工程相结合，配套建设岸坡防护、沟道治理、坡面防护等工程，增强农田保土、保水、保肥能力。受防护的农田面积比例应不低于 90%。

第三节 高标准农田基础设施建设

一、田块整治

（一）概念

耕作田块是由田间末级固定沟、渠、路、田坎等围成的，满足农业作业需要的基本耕作单元。应因地制宜进行耕作田块布置，合理规划，提高田块归并程度，实现耕作田块相对集中。耕作田块的长度和宽度应根据气候条件、地形地貌、农作物种类、机械作业、灌溉与排水效率等因素确定，并充分考虑水蚀、风蚀。

田块整治工程包括耕作田块修筑工程和耕层地力保持工程。耕作田块修筑工程分为条田修筑、梯田修筑，主要包括土石方工程、田埂（坎）修筑工程。耕层地力保持工程主要包括表土剥离与回填、客土改良、加厚土层。

（二）规划设计要求

田块整治工程规划设计应先对田块进行规划，初步确定土地平整区域与非平整区域，对布局不合理、零散的田块应划入土地平整区域，进行零散田块归并，全面配套沟、渠、路、林等田间基础设施和农田防护措施。

设计基本原则：一是考虑土地权属调整，权属界线宜沿沟、渠、路、田坎布设；二是设计应因地制宜，并与灌溉、排水工程设计相结合；三是土地平整时应加强对耕层的保护；四是土地平整应按照就近、安全、合理的原则取土或弃土，应通过挖高填低，尽量实现田块内部土方的挖填平衡，平整土方工程量总量最小。

农田连片规模：山地丘陵区连片面积 500 亩以上，田块面积 45 亩以上；平川区连片面积 5 000 亩以上，田块面积 150 亩以上。

（三）耕作田块修筑工程

按平整的田块类型划分为条田修筑、梯田修筑、田埂（坎）修筑。

1. 条田修筑

地面坡度为 0°～5° 的耕地宜修建条田，田面坡度旱作农田 1/800～1/500、灌溉农田 1/2 000～1/1 000。条田形态宜为矩形，水流方向田块长度不宜超过 200 米，条田宽度取机械作业宽度的倍数，宜为 50～100 米。

2. 梯田修筑

地面坡度为 5°～25° 的坡耕地宜修建水平梯田，田面平整，并构成 1° 反坡梯田，梯田化率达到 90%，旱地梯田横向坡度宜外高内低。田块规模应根据不同的地形条件、灌排条件、耕作方式等确定，梯田长边宜平行于地形等高线布置，长度宜为 100～200 米，田面宽度应便于机械作业和田间管理。

3. 田埂（坎）修筑

田埂（坎）应平行等高线或大致垂直农沟（渠）布置，应有配套工程措施进行保护，因地制宜采用植物护坎、石坎、土石混合坎等保护方式。在土质黏性较好的区域，宜采用植物护坎，植物护坎高度不宜超过 1.0 米。在易造成冲刷的土石山区，应结合石块、砾石的清理，就地取材修筑石坎，石坎高度不宜超过 2.0 米。修筑的田埂稳定牢固，石埂稳定可防御 20 年一遇暴雨，土埂稳定可防御 5～10 年一遇暴雨。

（四）耕层地力保持工程

1. 耕层剥离与回填

土地平整时应将耕层剥离，剥离后的耕层土壤集中堆放到指

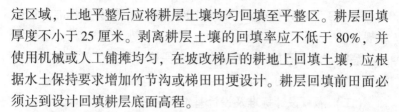

定区域，土地平整后应将耕层土壤均匀回填至平整区。耕层回填厚度不小于 25 厘米。剥离耕层土壤的回填率应不低于 80%，并使用机械或人工铺摊均匀，在坡改梯后的耕地上回填土壤，应根据水土保持要求增加竹节沟或梯田田埂设计。耕层回填前田面必须达到设计回填耕层底面高程。

2. 客土回填

当项目区内土层厚度和耕作土壤质量不能满足农作物生长、农田灌溉排水和耕作需要时，应该采取客土回填方式消除土壤过砂、过黏、过薄等不良因素，改善土壤质地，使耕层质地成为壤土。回填作为底土的客土必须有一定的保水性，碎石和砂砾等粗颗粒含量不超过 20%。加厚土层，使一般农田土层厚度达到 100 厘米以上，沟坝地、河滩地等土层厚度不少于 60 厘米，具备优良品种覆盖度达到 100% 水平的土壤基础条件。

二、灌溉与排水

（一）灌溉排水工程设计一般规定和要求

灌溉与排水工程包括水源工程、输配水工程及田间工程。

灌溉技术主要包括渠灌技术、管灌技术、喷灌技术、微灌技术（含滴灌、涌泉灌、微喷灌、渗灌）。

灌溉水源应以地表水为主，以地下水为辅，以天然降水为补充。对地下水超采、限采区应严格执行当地水资源管理的有关规定，所有输配水设施均应安装水量计量设备。

灌排渠（管）系建筑物及管理房应配套完善，建议采用国家或省推荐的定型设计图纸，以使项目范围内各型建筑物达到形式统一、协调。

末级固定灌排渠、沟、管应结合田间道路布置，以节约用地，方便管理。末级固定灌排渠、沟、管密度及间距应符合《灌溉与排水工程设计标准》（GB 50288—2018）等有关标准、规范或规定。

灌溉排水工程施工时应根据安全保护需要，在现场设置必要的安全警示牌或警示标志。

（二）灌溉设计标准及设计基准年选择

确定灌溉设计标准可采用灌溉保证率法和抗旱天数法。一般情况下，对干旱地区或水资源紧缺地区且以旱作物为主的，渠灌、管灌的灌溉设计保证率可取 50%~75%，半干旱、半湿润地区或水资源不稳定地区，渠灌、管灌的灌溉设计保证率可取 70%~80%；喷灌、微灌的灌溉设计保证率可取 85%~95%。

灌溉水利用系数取值：渠道防渗输水灌溉工程，小型灌区不应低于 0.70，地下水灌区不应低于 0.80，管灌、喷灌工程不应低于 0.80，微喷灌工程不应低于 0.85，滴灌工程不应低于 0.90。

设计基准年可选择最近一年。

（三）水资源供需平衡分析

项目区水资源开发利用状况及可供水量计算，包括水利工程现状供水能力（包括地表水、地下水、过境水）、新开发水源的潜力及可行性分析。

灌溉制度的拟定及需水量计算：农作物种植比例应符合当地种植结构调整计划，应结合当地群众多年丰产灌水经验科学合理地制定灌溉制度，应结合农作物种植种类及灌水特点择优确定灌溉方式。

灌溉用水量根据所制定的灌区灌溉制度并考虑灌溉水利用系数等进行计算。

灌区供需水平衡分析应以独立水源灌区为计算单元进行计算。供需水平衡分析后必须有明确的结论，如出现不平衡，应提出相应的技术措施。

（四）工程主要建设内容

渠道要说明材料、断面形式、长度、厚度等；渠系建筑物要说明建筑物的名称、数量等；管道要说明材质、管径、长度、工作压力等；管系建筑物要说明建筑物的名称、数量等；塘坝、水池、旱井等要说明容积及配套设施；泵站要说明装机容量及配套设施；机井要说明单井流量、眼数及配套设施等。

（五）水源工程设计说明

灌溉水源主要包括河流、水库、池塘、湖泊、机井（群）、渠道等。

机井（群）设计说明：包括现状机井深度、井孔直径、井距、井管材料、单井出水量、动水位、静水位等；所配套的水泵及输配变电设备的规格型号及容量等；各类设备新近安装的年份或年限；机井管理房，井台、井罩现状；有关部门颁发的取水许可证时间及许可取水量以及各机井存在的问题等。根据各井灌区农作物的种类、比例等，依据灌溉制度，合理确定所需的机井数量，提出需要配套的水泵及变配电设备规格、型号、数量等。

水库、池塘、湖泊、水窖等设计说明：包括水库、湖泊的蓄水容积，水窖、池塘的集水面积、蓄水容积及结构状况；水库、池塘、湖泊、水窖每年或农作物生育期内各阶段的蓄水情况；所配套建筑物的形式、数量、规模等；并结合工程现状，根据工程需要提出需要新建或改造的建筑物。

河流、渠道水源工程说明：包括每年或农作物生育期内各阶段河流、渠道的来水流量、水位变化状况；取水建筑物现状及完好程度，校核取水流量能否满足设计灌溉所需水量，并提出相应的工程措施及设计方案。

泵站取水水源工程设计说明：包括泵站的建设性质、取水水源类型、设计流量、特征水位、地形扬程、机泵选型及运行工况等；所配套机电及输变电设备等情况；泵站各主要建筑物结构形式、尺寸等；已建泵站存在问题及所需改造的内容等。

（六）输水工程设计说明

输水工程主要包括输水渠、管以及所配套建筑物等。说明输水工程的建设性质、现状输水形式、结构尺寸、流量、长度及存在问题等，根据设计流量复核已建工程的过流能力，提出是否需改造的理由及有关改造内容。

（七）灌区工程设计说明

灌区工程主要包括各级配水渠、管及所配套建筑物等。说明灌区工程的建设性质、灌区现状及存在问题等，根据设计流量复核已建工程的过流能力，提出是否需要改造的理由及有关改造内容；针对不同农作物所选用的节水灌溉技术，进行分类设计计算等。

灌区工程设计要说明工程采用的灌溉方式及总体布局，着重阐述清楚水源类型、输水形式以及采用的灌溉技术和田间工程布置、控制灌溉面积等。

喷灌工程设计确定总体布置、喷头选型、布置间距、设计流量、工作制度、运行方式、管网布置，设计流量、干支管水力计算及管径、水泵选型、主要建筑物形式等。

微灌工程设计确定灌水器选型、灌水器布置、工作制度、运行方式、系统布置、毛管设计、干支管水力计算及管径、首部枢纽设计、主要建筑物形式等。

低压管道输水灌溉设计确定出水口间距、灌水周期、设计流量、田块规格、管网布局、干支管水力计算及管径、主要建筑物形式等。

机井改造工程设计原则上要建立机井控制保护+智能灌溉控制模式，实现机井远程启停计量、信息自动生成、数据物联传输共享。

高效节水项目的喷灌、微灌工程以及核心示范区工程，原则上要建成水肥一体化自动控制装置，实现水、肥、药智能控制运行监测，实现区域集成物联网云平台，自动采集分析各种信息数据，适时进行运行控制调节。

（八）软体集雨水窖新型材料应用

软体集雨水窖是采用一种高分子"合金"织物增强柔性复合材料制成的，具有抗撕裂、抗拉伸强度高，牢度好，阻燃，耐酸碱盐稳定性高，高温不软化、低温不硬脆，对环境无污染，经济环保等优点。与传统集雨水窖（池）相比，具有强度高、寿命长、密封好、不渗漏、耐高温严寒、安装简便、经济环保等优点，软体集雨水窖成本很低，安装简便。

软体集雨水窖主要用于集雨及调节水量，以缓解北方缺水地区水资源紧缺状况，同时，还可作为小面积灌区的水量调节设施。

三、田间道路

高标准农田建设项目田间道路包括田间道（机耕路）和生产路，其中田间道按主要功能和使用特点分为田间主道和田间次道。田间道路设计应根据确定的道路等级、通行荷载、限行速度等指标进行计算设计。田间道路应尽量在原有基础上修建，应与第二次全国土地调查数据库或实施后的国土三调数据库比对核实，尽量少占用耕地，不能形成新占基本农田。在当地村民需求强烈且确需建设混凝土路面的地方，允许建设适量混凝土路面，但田间道路建设的财政资金投入比例原则上以县为单位，不得超过财政总投入的40%。

（一）田间道路功能

田间主道指项目区内连接村庄与田块，供农业机械、农用物资和农产品运输通行的道路。田间次道指连接生产路与田间主道的道路。生产路指项目区内连接田块与田块、田块与田间道路，为田间作业服务的道路。

（二）田间道路布置

（1）田间主道应充分利用项目区内地形地貌条件，从方便农业生产与生活、有利于机械化耕作和节省道路占地等方面综合考虑，因地制宜，改善项目区内的交通和生产生活环境。

（2）田间主道、田间次道宜沿斗渠（沟）一侧布置，路面高程不低于堤顶高程。

（3）田间道路布置应满足农田林网建设的要求。

（4）项目区内各级道路应做好内外衔接，统一协调规划，使各级田间道路形成系统网络。

（5）对于山地丘陵区，田间道路布置还应尽量依地形、地貌变化，沿沟边或沟底布置，以减少新建田间道路的开挖或回填。

（6）平面设计的道路平曲线主要指标见表6-1。

表6-1　道路平曲线主要技术指标

道路等级	田间主道		田间次道	
	平原区	山地丘陵区	平原区	山地丘陵区
行车速度/（千米/时）	40	20	30	15
一般最小圆曲线半径/米	100	30	60	20

（三）生产路工程设计

（1）生产路宽度：应考虑小型农机具通行的要求，宽度宜为2.0~2.5米。

（2）生产路路基：可采用天然土路基。

（3）生产路路面：宜采用素土夯实，对一些有特殊要求的地方，可采用泥结石、碎石等。素土路面土质应具有一定的黏性和满足设计要求的强度，压实系数不宜低于 0.95。采用泥结石面层时，厚度宜为 8~15 厘米，骨料强度不应低于 30 牛/毫米^2。

（4）生产路高程：应高出田面 0.15 米。

（5）生产路纵坡：与农田纵坡基本一致，生产路可不设路肩。

四、农田防护与生态环境保护工程

农田防护与生态环境保护工程是指根据因害设防、因地制宜的原则，将一定宽度、结构、走向、间距的林带栽植在农田田块四周，通过林带对气流、温度、水分、土壤等环境因子的影响，来改善农田小气候，减轻和防御各种农业自然灾害，创造有利于农作物生长发育的环境，以保证农业生产稳产、高产，并能对人们生活提供多种效益的一种人工林。

（一）防护林类型

防护林按功能分为农田防风林、梯田埂坎防护林、护路护沟（渠）林、护岸林。其中，农田防风林应由主林带和副林带组成，必要时设置辅助林，无风害地区不宜设农田防风林。

（二）设计原则

农田防护与生态环境保护工程应因害设防，全面规划，综合治理，与田、沟、渠、路等工程相结合，统筹布设。

（三）技术措施

（1）对受风沙影响严重的区域，新建或完善防护林带（网）。

（2）对坡面较长、易造成水土流失的坡耕地及沟坝地、沟川地等，采取工程措施，包括修筑梯田或土埂，修建截流沟、排水沟、排洪渠、护地坝等，并增加集雨设施，引导并收集坡面径流进入蓄水池（井）；同时辅以生物措施，种植防护效益好兼具经济效益的灌木或草本植物，形成保持水土的良好植被。

（3）对盐渍化区域，完善林网建设，改善田间小气候，减少地面蒸发，减轻土壤返盐。

（四）树种选择

树种的选择要以农田防护为目的，适地适树，不得栽植高档名贵花木。应以乡土树种为主，适当引进外来优良树种，兼顾防护、用材、经济、美化和观赏等方面的要求，同时符合下列要求。

（1）主根应深，树冠应窄，树干通直，并应速生。

（2）抗逆性强。

（3）混交树种种间共生关系好、和谐稳定。

（4）与农作物协调共生关系好，不应有相同的病虫害或是其中间寄主。

（5）灌木树种应根系发达，保持水土、改良土壤能力强。

北方地区常用的优良防护树种，乔木及小乔木树种有槐、速生楸、白蜡树、旱柳、臭椿、银杏、柿、刺槐、栾、木槿、紫叶李、女贞等；灌木树种有紫穗槐、荆条、连翘、榆叶梅等。

（五）苗木质量及规格

苗木质量符合《主要造林树种苗木质量分级》（GB 6000—1999）规定的Ⅰ级、Ⅱ级标准，其中乔木树种要求胸径6厘米以上，枝下高3米以上，全冠；小乔木要求地径5厘米以上，枝下高1米以上，全冠。

（六）栽植模式

应采用两个及以上树种混交栽植，纯林比例不应超过70%，单一主栽树种株数或面积不应超过70%。林带的株行距应满足所选树种生物学特性及防风要求。梯田埂坎防护林树种宜选择灌木树种。护路护沟（渠）林宜栽植于路和斗沟（渠）两侧，单侧栽植时宜栽植在沟、渠、路的南侧或西侧，树种宜乔、灌结合。丘陵区沟头、沟尾宜营造乔灌草结合的防护林带。

（七）主要指标

一般受防护的农田面积占建设区面积的比例不低于90%，农田防护林网面积达到3%~8%。所造林网中的林木当年成活率要达到95%以上，3年后保存率要达到90%以上。

五、农田输配电工程及科技服务

（一）农田输配电工程

1. 概念

农田输配电工程指为泵站、机井以及信息化工程等提供电力保障所需的强电、弱电等各种设施，包括输电线路、变配电装置等。其布设应与田间道路、灌溉与排水等工程相结合，符合电力系统安装与运行相关标准，保证用电质量和安全。

2. 基本要求

农田输配电工程应满足农业生产用电需求，并应与当地电网建设规划相协调。

农田输配电线路宜采用10千伏及以下电压等级，包括10千伏、1千伏、380伏和220伏，应设立相应标识。

农田输配电线路宜采用架空绝缘导线，其技术性能应符合GB/T 14049—2008、GB/T 12527—2008等规定。

农田输配电设备接地方式宜采用保护接地（TT）系统，对安全有特殊要求的宜采用中性点不接地（IT）系统。

应根据输送容量、供电半径选择输配电线路导线截面和输送方式，合理布设配电室，提高输配电效率。配电室设计应执行

GB 50053—2013 有关规定，并应采取防潮、防鼠虫害等措施，保证运行安全。

输配电线路的线间距应在保障安全的前提下，结合运行经验确定；塔杆宜采用钢筋混凝土杆，应在塔杆上标明线路的名称、代号、塔杆号和警示标识等；塔基宜选用钢筋混凝土或混凝土基础。

农田输配电线路导线截面应根据用电负荷计算，并结合地区配电网发展规划确定。

架空输配电导线对地距离应按 DL/T 5220—2021 规定执行。需埋地敷设的电缆，电缆上应铺设保护层，敷设深度应大于 0.7 米。导线对地距离和埋地电缆敷设深度均应充分考虑机械化作业要求。

变配电装置应采用适合的变台、变压器、配电箱（屏）、断路器、互感器、起动器、避雷器、接地装置等相关设施。

变配电设施宜采用地上变台或杆上变台，应设置警示标识。变压器外壳距地面建筑物的净距离应大于 0.8 米；变压器装设在杆上时，无遮拦导电部分距地面应大于 3.5 米。变压器的绝缘子最低瓷裙距地面高度小于 2.5 米时，应设置固定围栏，其高度应大于 1.5 米。

接地装置的地下部分埋深应大于 0.7 米，且不影响机械化作业。

根据高标准农田建设现代化、信息化的建设和管理要求，可合理布设弱电工程。弱电工程的安装运行应符合相关标准要求。

（二）科技服务

高标准农田建设科技服务主要是提高农业科技服务能力，配置定位监测设备，建立耕地质量监测、土壤墒情监测和虫情监测站（点），加强灌溉试验站网建设，开展农业科技示范，大力推进良种良法、水肥一体化和科学施肥等农业科技应用，加快新型农机装备的示范推广。

1. 高标准农田土壤墒情自动监测网络

为了加大高标准农田建设区域土壤墒情监测力度，建立健全土壤墒情监测网络体系，提高监测效率，提升土壤墒情监测服务能力，以乡（镇）为单位安装土壤墒情自动监测系统。每套系统包括 1 台固定式土壤墒情自动监测站和 4 个管式土壤墒情自动监测仪，监测信息可自动上传至全国土壤墒情监测系统及省级土壤墒情监测系统。

2. 耕地质量监测网点建设

按照"农业农村部农田建设监管平台"及高标准农田质量调查监测评价工作有关规定，高标准农田建设项目区应在项目实施前后分别开展耕地质量监测评价，比较项目建设前后耕地质量变化情况，是否达到预期效果和目标。布置建设耕地质量监测网点，原有耕地平川区每 1 000 亩、山地丘陵区每 500 亩设立 1 个点位；新增加的耕地每 20 亩设立 1 个点位。监测点位耕层每点位采集 1 个 0~20 厘米土壤样品。原有耕地经高标准农田项目建设后，耕地质量等级应较项目实施前有所提升；新增加耕地的耕地质量等级应不低于周边耕地。

项目验收前提交耕地质量等级评价报告，评价报告应包括项目基本情况、耕地质量等级评价过程与方法、评价结果及分析、建设前后土壤主要性状及耕地质量等级变动情况、土壤培肥改良建议等章节，并附土壤检测报告、指标赋值情况和成果图件等。成果图件包括监测点位分布图、高标准农田建设区耕地质量等级图（建设前、建设后），需附矢量化电子格式。

3. 物联网监控云平台（智慧农业平台）

物联网监控云平台是农业物联网的枢纽，它是用户与安装在田地中监测设备的桥梁。所有设备将数据发送至云平台，同时被云平台控制，云平台能保证所有数据与设备同步保存。支持用户通过手机、平板电脑或电脑等智能终端随时查看和管控。通过密码保护账户安全，实现远程控制、数据自动汇总与可视化。

物联网监控云平台以县为单元，建设集中控制中心。

第四节 高标准农田验收与管护

一、高标准农田建设项目的验收程序

按照《高标准农田建设项目竣工验收办法》，项目审批单位应在项目完工后半年内组织完成竣工验收工作。应当按以下程序开展竣工验收。

一是县级初步验收。项目完工并具备验收条件后，县级农业农村部门可根据实际，会同相关部门及时组织初步验收，核实项目建设内容的数量、质量，出具初验意见，编制初验报告等。

二是申请竣工验收。初验合格的项目，由县级农业农村部门向项目审批单位申请竣工验收。竣工验收申请应按照竣工验收条件，对项目实施情况进行分类总结，并附竣工决算审计报告、初验意见、初验报告等。

三是开展竣工验收。项目审批单位收到项目竣工验收申请后，一般应在 60 天内组织开展验收工作，可通过组织工程、技术、财务等领域的专家，或委托第三方专业技术机构组成的验收组等方式开展竣工验收工作。验收组通过听取汇报、查阅档案、核实现场、测试运行、走访实地等多种方式，对项目实施情况开展全面验收，形成项目竣工验收情况报告，包括验收工作组织开

展情况、建设内容完成情况、工程质量情况、资金到位和使用情况、管理制度执行情况、存在问题和建议等，并签字确认。项目竣工验收过程中应充分运用现代信息技术，提高验收工作质量和效率。

四是出具验收意见。项目审批单位依据项目竣工验收情况报告，出具项目竣工验收意见。对竣工验收合格的，核发农业农村部统一格式的《高标准农田建设项目竣工验收合格证书》。对竣工验收不合格的，县级农业农村部门应当按照项目竣工验收情况报告提出的问题和意见，组织开展限期整改，并将整改情况报送竣工验收组织单位。整改合格后，再次按程序提出竣工验收申请。

二、建后管护范围

（一）概念

高标准农田工程设施建后管护是指对田间道路、灌排设施、农田防护和生态环境保持工程、输配电工程、公示标牌、配套建筑物等工程设施进行管理、维修和养护，确保工程原设计功能运行正常。

（二）管护范围

2011 年以来建成并上图入库的高标准农田项目，其工程设施应纳入管护范围。管护主要内容及标准如下。

1. 灌排工程、输配电工程管护

确保田间渠系工程、排水工程、输配水管道工程不堵塞；小型塘坝、水井、井房、泵站、田间蓄水池等小型水源工程正常使用，灌溉能力得到保障；输电线路、变配电设施、弱电设施等运行正常，无安全隐患。

2. 田间道路、农田防护工程管护

确保田间道路、机耕路完好，维持路面平整、路基完好，无杂草、无杂物，通行顺畅；农田防护和生态环境保持工程整体充分发挥作用，项目建设的农田防护林要定期修剪，适时浇水，缺额补栽，歪倒扶正。

3. 配套建筑物、标识设施管护

各灌排渠道、田间道路、输配电工程等相关配套设施完好，围栏和公示、警示标志完整无损，信息清晰。

4. 确保项目发挥效益

在管护范围内发现高标准农田撂荒现象的，应及时报告乡镇人民政府和市县农业农村主管部门。

三、建后管护主体及责任

按照"谁受益、谁管护，谁使用、谁管护"的原则，结合农村集体产权制度和农业水价综合改革，合理确定建后管护主体。

（一）市县人民政府负总责

市县人民政府对高标准农田建后管护负总责，每年将管护财政资金纳入预算充分保障，统筹安排管护经费，足额保障管护工作需求。市县农业农村主管部门应制定高标准农田工程设施建后管护制度，负责组织协调、监督指导和检查考核等工作。

（二）各类管护主体及责任

高标准农田建设项目竣工验收合格后，应在一个月内，由市县农业农村主管部门与所在乡镇人民政府办理工程移交手续，双方共同确定管护主体，管护主体主要为镇村集体经济组织、受益范围内的农民专业合作组织、家庭农场、农业企业等新型农业经营主体，或通过政府购买服务等方式委托的专业机构。乡镇人民政府与管护主体签订管护协议。工程质量保质期内，若发现工程设施因施工质量缺陷导致的损坏，市县农业农

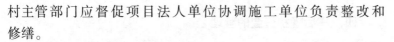

村主管部门应督促项目法人单位协调施工单位负责整改和修缮。

市县农业农村主管部门应根据实际及工程设施特点，因地制宜，采取不同管护模式，明确管护主体职责，并将管护主体、职责范围、工作内容及期限等在项目区公布。

（1）镇村集体经济组织作为管护主体的，应通过以工代赈的方式，引导和组织受益农民成立管护队伍，或设立公益性岗位等，统一管理，开展管护。

（2）农民专业合作组织、家庭农场、农业企业等新型农业经营主体或专业机构作为管护主体的，应在管护协议中明确管护职责、内容、标准、经费、检查考核要求等内容。市县农业农村主管部门、乡镇人民政府应指导管护主体积极吸纳当地群众参与管护，并按时足额发放酬劳，促进农民增收。

（三）专职管护人员

各类管护主体均应安排专职管护员。专职管护员应遵纪守法、热心公益事业、责任心强、有劳动能力。专职管护员应熟悉管护区域内高标准农田工程设施的布局和现状，认真做好管护工作，保证管护工程设施正常运行，持续发挥效益。管护主体及人员必须严格遵守法律法规和工作制度，服从防汛防风防旱工作统一调度，接受市县农业农村主管部门、镇村组织和农民群众的监督，不得以任何理由擅自收取费用、擅自将工程及设备变卖，不得破坏水土资源和生态环境。

专职管护员应定期对高标准农田进行巡查，汛期应加大巡查频次，每次巡查应填写记录并报管护主体存档。发现破坏高标准农田工程设施的单位或个人，管护主体、专职管护员应及时向乡镇人民政府、市县相关主管部门报告，情节严重涉嫌犯罪的，应及时向公安机关报告。

四、建后管护资金的管理

（一）管护资金的来源

高标准农田工程设施建后管护资金主要来源为市县级财政预算资金、上级财政安排的补助资金和各类可用于建后管护的奖补资金等。市县应建立财政补助和农业水费收入、经营收入相结合的高标准农田管护经费投入机制，统筹村（组）集体经济收益、新增耕地指标交易收益、村集体土地流转收益、灌溉用水收费、"一事一议"政策补助资金、高标准农田工程审计结余资金、其他农村社会事务管理资金等，拓宽资金筹措渠道，保障管护工作持续有效开展。

（二）管护资金的使用

管护资金支出范围主要包括：在工程设计使用期内工程设施日常维修、局部整修和岁修，购置必要的小型简易管护工具、运行监测设备、维修材料、设备所需汽柴油，以及发放专职管护员的酬劳等；委托专业机构作为管护主体的，应依据合同内容合理支付费用。

日常维护主要对工程设施进行经常性保养和防护；局部整修主要对工程设施局部或表面轻微缺陷和损坏（含灾毁）进行处理，保持设施完整、安全及正常运行；岁修主要对经常养护所不能解决的工程损坏进行每年或周期性的修复。维修养护不包括工程设施扩建、续建、改造等。

管护资金要专款专用，不得挤占挪用，不得用于购置车辆、发放行政事业单位人员工资补贴或其他行政事业费开支。市县农业农村主管部门每年应对管护资金使用情况进行检查并将结果公示。

第七章 耕地保护和建设案例

案例一 黔东南苗族侗族自治州筑牢耕地保护安全网

2023 年以来，黔东南苗族侗族自治州（简称"黔东南州"）采取"月清、月核"的方式扎实开展土地卫片执法工作，坚决遏制耕地"非农化"，严格管控耕地"非粮化"，不断筑牢耕地保护安全网，取得阶段性明显成效。

一是高位推动压实整改责任。黔东南州政府定期对耕地保护工作进行部署、调度，黔东南州委、州政府明确将卫片执法发现的违法占耕问题整改纳入州政府领导定期调度工作内容，有效压实分管领域违法用地问题整改责任。同时，多次召开全州耕地保护工作推进会，进一步压实县（市）政府耕地保护责任，明确县（市）政府主要领导为整改第一责任人，严格履行耕地保护主体责任，确保违法占耕问题整改到位。

二是在线督促及时核查整改。黔东南州及时将卫片执法系统每月更新图斑情况在线通报各县（市），督促各县（市）开展图斑核查，发现违法用地的，立即制止并限期整改。对问题整改缓慢的县（市）发"提示函"，对一些典型问题进行督办，对到期后仍未完成整改的问题线索，移交纪检监察机关处理。2023 年以来，已移交纪委监委 74 个问题，涉及 13 个县（市）64 个违法主体。

三是认真审核严格质量把关。黔东南州自然资源局明确专人负责对每月下发的卫片执法图斑填报情况逐个进行审核，对判定填报错误、举证材料不够充分的及时退回修改，并与县（市）填报人员对接、沟通填报问题，及时修改完善，提高填报质量，对未按期完成核查填报的县（市）进行通报批评。

截至 2023 年 10 月 24 日，黔东南州土地卫片执法共发现新增非农化违法图斑 479 个，涉及耕地面积 459.69 亩，已整改耕地面积 376.69 亩，剩余违法占耕面积 83 亩，违法占耕比为 6.22%。

——摘编自黔东南州自然资源局官网

案例二　湖南省湘江新区创新保护模式

在湖南省湘江新区莲花镇三和村的一个恢复耕地工程现场，挖机正在平整土地。今年春耕，这里将建成 13 亩育秧大棚，为 3 000 多亩耕地供给秧苗。"时间不等人，年前多干点，年后就从容点。3 月 10 日前，必须育上秧。"流转了这片耕地的种粮大户黄仕其，农时算得精准。

"新恢复耕地不仅要能种粮，还得好种粮。"莲花镇党委书记吉文斌说，"我们优先从集中连片区域及其周边入手，让恢复的耕地成为实实在在的增收地。"

看准了就抓紧干。2022 年开始，莲花镇启动千亩耕地集中连片综合整治工程，将耕地恢复、农田水利建设、高标准农田建设等涉农资金有效结合，同步配套建设机耕道、沟渠水系等农业基础设施。

恢复耕地的成本谁来负担？湘江新区财政采取"以奖代补"资金补助方式，每亩最高可奖补 5 000 元；2023 年，根据实际需求又额外增加3 000元。湖南省湘江新区自然资源和规划局自然资源保护与生态修复处处长伍志光介绍，两年来，莲花镇新增恢复耕地2 000亩，投入资金约2 100万元，每年可实现粮食增产140万千克。

利益理得顺，工程进展快。在莲花镇不少区域，当年恢复的耕地，当年就收获粮食作物。2023年3月，黄仕其带头流转了村里1 100亩新恢复耕地，旋即种下800余亩双季稻和200余亩一季稻，一亩地收入达到上千元，"旱能灌，涝能排，又连片，省力又省钱！"

通过耕地集中连片综合整治，2022年，湖南省湘江新区实现新增恢复耕地面积6 025亩；2023年，又恢复耕地4 849亩。湖南省湘江新区莲花镇创新耕地"集中连片综合整治"新模式，获评2023年度湖南省耕地保护创新案例。

——摘编自《人民日报》

案例三　敖汉旗萨力巴乡高标准农田建设

1997年以来，赤峰市敖汉旗萨力巴乡党委政府举全乡之力，组织12个行政村7 500多名劳动者开展了声势浩大的梯田治理大会战。由于规划设计水平高、联村会战规模大、生态经济效益好，该乡梯田治理成为山水田林路沟综合治理的成功典型，形成了"黄花甸子模式"。近年来，萨力巴乡积极抢抓国家高标准农田建设"坡改梯"机遇，对全乡9.2万亩中低产坡地进行全面改造提升，成为敖汉旗唯一"坡改梯"全覆盖的乡镇。

一、生态优先，效益引导

20世纪，萨力巴乡一度饱受坡耕地"风蚀水冲"之苦。"种一坡，拉一车，打一簸箕，煮一锅"是萨力巴乡人民生活的真实写照。为此，斗志昂扬的萨力巴乡人开始了近半个世纪的"治山治水"，乡党委政府带领全乡人民从"大会战""人工梯田"，到全面推进"高标准水平化梯田"，完成了山水田林路沟综合治理的创举。在建设过程中，坚持统筹生态建设和经济效益，在山体中上部实施水保造林，山体中下部结合农田防护林网建设水平梯田、闸沟道谷坊、打配机电井，完成了治理水土流失面积达 3 万亩的三十二连山集中连片工程，形成了山顶植树、山腰种田、梯田交错、色彩斑斓的"五彩梯田"。2016—2021 年，累计争取水利、农牧、乡村振兴及易地扶贫搬迁后续产业扶持资金 5 520 万元，完成高标准水平梯田建设 4.6 万亩，全乡水平梯田面积达到 8.4 万亩。2022 年，白土营子村最后 8 500 亩高标准农田建设完成后，全乡所有坡耕地全部完成治理，达到 9.2 万亩，受益群众 1.5 万人，粮食亩产提高到 300 千克以上，亩均增收 500 元以上。

二、示范带动，先易后难

在高标准农田建设初期，有许多老百姓不理解、不认可，导致工作难以推进。乡党委政府决定先由干部带头，通过打造样板、示范带动，稳妥有序向全乡铺开。在建设过程中，本着先易后难原则，从坡耕地比较集中、村两委公信力强、群众认可度高、群众工作好做的村民组入手。为此，组建了乡村两级项目建设攻坚组，走村入户，从宣传发动、政策解读、项目建设、后期发展等方面一遍一遍耐心地宣传动员。对个别认识不到位、不愿改造的农户，通过建立乡村组三级干部"三包一"责任制，一对一做好协调沟通，确保项目顺利实施。为保证工程质量，建立了乡村组三级责任制与群众监督责任制。乡专项工作领导小组负责统筹推进高标准农田建设工作，村组承担本村工程项目建设协

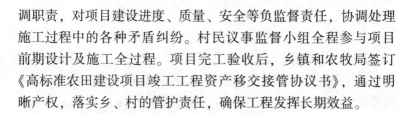

调职责，对项目建设进度、质量、安全等负监督责任，协调处理施工过程中的各种矛盾纠纷。村民议事监督小组全程参与项目前期设计及施工全过程。项目完工验收后，乡镇和农牧局签订《高标准农田建设项目竣工工程资产移交接管协议书》，通过明晰产权，落实乡、村的管护责任，确保工程发挥长期效益。

三、整村推进，分片治理

萨力巴乡坚持土地集中连片、不能分散的建设理念，由原来的抓村组示范，转向整村推进区域化治理模式。在项目建设区域规划上，多次到各村实地勘测，进行系统研判，坚持"三个优先"原则，确保项目切实可行：一是在全乡范围内，优先考虑产业基础扎实、蕴藏潜能大、辐射能力强的整村推进；二是在涉及行政村方面，优先考虑村两委凝聚力强、干事创业能力强、示范带动能力突出的整村推进；三是在地域方面，优先考虑群众认可度高、积极性强、参与度高的整村推进。通过整村推进，高标准农田建设规模由连片 500 亩提升至 1 000 亩再到 2 000 亩，最大限度地保证了高标准农田建设成效，实现了集约利用和规模效益。

四、合作运行，集中经营

在高标准农田建成后，萨力巴乡积极发动群众，通过"公司+合作社+农户"模式，对 8 000 余亩土地统一管理、集中经营，重点发展杂粮种植、设施农业、肉牛养殖等产业，有效降低了生产经营风险，增强了市场竞争力，不仅增加了村集体收入，入社农户还能获得土地入股分红，解放出来的劳动力还可以实现再就业。特别是依托三十二连山、老牛槽沟、城子山村万亩高标准农田，通过统一种植品种、集中规模打造，形成谷子种植示范区，推动当地特色产业快速发展。

五、成效

通过高标准农田建设，取得了 3 项成效：一是有效改善了耕地细碎化的状况，实现变零为整、小田变大田，促进了土地流转和规模经营；二是极大改善了当地群众的生产生活条件，转变了以往坡耕地靠人力畜力耕作的局面，实现了全程机械化作业，机械化率达到 85%；三是提升了土地生产能力，粮食亩产由原来的100 多千克提高到 300 千克以上，亩增收 600 元左右，农民生产积极性普遍提高。

——摘编自内蒙古自治区乡村振兴局官网

案例四　岳阳市耕地保护工作连获表扬

2024 年 1 月 27 日，湖南省人民政府办公厅公布了 2023 年度真抓实干成效明显的地区名单及激励措施，岳阳市耕地保护工作以排名全省第一的成绩获表扬激励，这是湖南省将耕地保护工作纳入真抓实干成效表扬激励以来，该市继 2021 年、2022 年后再获殊荣。

岳阳市时刻牢记粮食安全是"国之大者"，耕地是粮食生产的命根子。2022 年以来，市委常委会、市政府常务会组织 8 次专题研究。市委书记、市长担任"双田长"，连续两年召开高规格田长制大会。全省率先发布 1 号田长令，出台耕地保护"十条硬措施"和五级田长 10 项履职清单。以"零容忍"态度严肃查处各类违法占用耕地行为。加强耕地保护协作配合，推动自然资源督察执法与纪检监察、公检法、审计等机关协同，强化纪委监委专项监督，做实"田长+检察长"。

耕地保护是一个系统工程，岳阳市把握好"量质并重、严格执法、系统推进、永续利用"等重大要求，进一步采取过硬实招。强化"一张图"管控，坚持耕地保护优先，高质量编制《岳阳市耕地保护国土空间专项规划（2021—2035 年）》，组织县市区编制县级耕地保护国土空间专项规划，统筹好耕地与后备资源、恢复耕地的保护与管理。健全种粮农民收益保障机制，全面规范稻渔（鱼、虾、蟹、蛙）综合种养，为农民增收约 1 500元/亩。实施重点问题约谈、典型案例挂牌督办常态化。连续 4年有计划开展耕地恢复，耕地面积由 523.04 万亩增至 525.96 万亩。大力实施"小田变大田"，累计建成高标准农田面积占全市耕地总面积的 78%。

同时，积极推行机制创新，开展耕地保护创新机制探索试点，推行"一县一示范""一乡一亮点""一村一做法"。大力推进乡村两级田长、林长、河湖长"三长协同"机制改革，深化"三员联农户"，推进基层山水林田湖草沙一体化保护和系统治理。全国首创田长直播间，获评 2023 年湖南省耕地保护创新案例。强化耕地保护信息系统建设与运用，新建 1 023 个铁塔视频监测点，推进问题发现、任务下发、问题整治、整改销号全闭环管理。

——摘编自《湖南日报》

案例五　重庆市交出耕地保护和粮食安全"首考"答卷

2023 年，是中央对省级开展耕地保护和粮食安全责任制考核的"首考"之年，实行刚性指标考核、一票否决、终身追责。

重庆市规划和自然资源局网站上有这样一份答卷：截至2023 年年底，重庆市共恢复补足耕地 35 万亩。

一、对耕地保护形势"心中有数"

重庆市的耕地保护，殊为不易。

从资源禀赋上看，重庆市规划和自然资源局负责人介绍，重庆市地处长江上游向中下游过渡地带，集大城市、大农村、大山区、大库区于一体，山地丘陵面积占比 92%。耕地资源本底薄弱，15°以上耕地占比接近 40%，其中 25°以上坡耕地占比17.3%，耕地平均质量处于全国中下水平。全市耕地图斑破碎、零星分散，平均每块耕地仅 6.4 亩，"巴掌地""碗碗土"普遍存在。

耕地条件有限，更要守牢守好。2023 年 2 月，重庆市第六届人民政府第一次常务会议召开，第一个议题便是研究耕地保护和粮食安全工作。重庆市坚持高位推动，加强党的全面领导，实行党政同责，压实压牢各级各方面耕地保护责任，全面守牢耕地红线。

目前，重庆市已组建耕地保护和粮食安全考核工作组，由市委、市政府共 5 名领导干部牵头，19 个部门的负责人作为成员，建立完善相关工作机制，全面推进全市耕地保护和粮食安全工作。围绕守牢耕地保护红线总目标，重庆市按季度开展耕地监测、成效评估、风险预判，制定运用"耕地一本账"等机制，加强过程跟踪调度，及时通报预警提醒。

由此，全市对耕地保护形势"心中有数"，做到目标明确、底数摸清、问题抓准、进展实时管控。

二、坚决遏制耕地"非粮化""非农化"

耕地保护的"痛点"在哪里？国土三调结果显示，2009 年至 2019 年重庆市耕地大幅减少；近 3 年耕地减少趋势放缓，但尚未得到根本遏制。

重庆市规划和自然资源局负责人表示，耕地减少的原因很多，包括未经审批的非农建设占用耕地未及时补充、多年撂荒导致耕地变成非耕地等。其中，"非粮化"是耕地减少的最主要原因。

因此，重庆市耕地保护工作的重心放在千方百计增加耕地数量，同时还要采取措施防止现有耕地大规模减少。

增加耕地数量最有效的途径，是开展耕地恢复补足，将过去不合理流失的耕地逐步"找补"回来。以万州区为例，该区由于过去大规模实施农业结构调整，耕地不合理流出规模大，2023年大力实施耕地恢复补足，"找回"耕地3.2万亩，恢复耕地规模接近全市恢复总量的10%。

同时，2023年，重庆市分类分步推进"非粮化"问题整改复耕，防止耕地减少。其中，对撂荒导致的耕地流出，重庆市一方面要求原址整改，另一方面结合高标准农田建设、土地整理复垦开发等项目，规模化、集中连片开展整治，不断完善撂荒地块的耕种条件。

例如，江津区蔡家镇福德村因村民外出务工多，村里的耕地撂荒不少。通过开展土地整治全域平整项目，该村3 000多亩耕地重新种上了水稻、玉米等富硒作物，全村初步形成了受到市场认可的富硒农业产业体系。

另外，耕地"非农化"威胁国家粮食安全，破坏自然资源管理秩序。近3年，国家卫片执法发现重庆违法占用耕地面积和比例处于较低水平，但重庆市仍然重拳出击，坚决遏制。

据统计，近3年来，重庆市规划和自然资源局提请市政府对违法用地形势较严峻的15个区县政府开展警示约谈，市级挂牌督办典型违法案件52件，直接立案查处重大违法案件10件，移交各级纪检监察机关追责问责 151 人。近两年，公安机关立案侦查非法占用农用地案件 9 件，检察机关受理移送起诉 30 件 55 人。

此外，对事关群众"口粮"的永久基本农田，重庆市在严格保护的基础上，还全面优化种植业生产技术标准，兼顾重要农产品稳产保供。

三、400 多万个耕地图斑建立数字化"信息卡"

在涪陵区马鞍街道两桂社区四社，有一块形状狭长的耕地。管理人员不用到现场，就清楚地知道，它的面积约为 65 亩，坡度为 15°~25°，是一块种植粮食作物的旱地，有 2 名承包权人。

管理人员为啥如此清楚？这全靠一套"渝耕保"应用系统。在该系统中，全市 400 多万个耕地图斑，一一对应着 400 多万份耕地"信息卡"。

目前，各级管理者可以在"渝耕保"应用系统查看耕地的数量和质量情况；依托系统开发的手机应用程序，耕地保护"网格员"发现违法违规行为可及时拍照上报；系统的"管理中心"可以让各级部门处置耕地相关的审批业务，而村民、企业等也可以通过"耕地红线自检"来自查自建房、产业用房等是否占用了耕地。

不仅如此，"渝耕保"应用系统还围绕耕地保护党政同责和考核指标，构建耕地保护监测监管体系和共同责任运行机制，集成耕地"一本账"，动态预警耕地保护目标完成情况，实现违法违规占用耕地线索闭环监管。

——摘编自七一网

案例六　河北省沧州市建立"田长制"保护耕地

2023 年 7 月，河北省沧州市出台了《关于建立"田长制"的实施意见》，在全市建立"县、乡、村、网格四级田长负责制"耕地保护工作体系，形成相关配套制度，实现"每块农田有田长"的管理模式，将耕地保护任务落实到人，建立层层有责任、基层抓落实的保护机制，构建集约高效、监管严格、保护有力的耕地和永久基本农田保护新格局。

根据各县（市、区）实际，分级设立县、乡、村、网格四级田长。县级田长由县（市、区）党委、政府主要负责人担任，副田长由分管自然资源规划和农业农村工作的县（市、区）负责人共同担任，以乡镇（街道）为单元，明确责任区域。乡级田长由乡镇（街道）党委、政府主要负责人担任，副田长由分管自然资源规划和农业农村工作的乡镇（街道）负责人共同担任，以村（社区）为单元，明确责任区域。村级田长由村（社区）党组织书记、村（社区）主任共同担任，副田长由村（社区）两委成员担任，以村民组为单元，明确责任区域。村民组设立网格管理员，由村民小组负责人担任。按照"谁使用、谁负责"原则，明确耕地承包者和种植者主体责任，落实好耕地和永久基本农田保护利用相应责任。

各级田长对责任区内耕地和永久基本农田的监督管理与保护利用工作负责。县级田长对本行政区域内耕地和永久基本农田保护工作负总责。副田长每季度至少组织一次辖区耕地保护工作巡查、检查，组织制定本行政区域内"田长制"实施办法和考核办法，指导、协调、督促辖区内乡级田长做好相关工作，负责落实县级政府耕地保护目标责任，组织宣传耕地和永久基本农田保护相关政策，对下一级田长的耕地和永久基本农田保护工作情况组织开展年度考核，负责定期召集乡级田长会议，部署安排相关工作。乡级田长、副田长负责本乡镇（街道）范围内耕地和永久基本农田保护工作，分解落实辖区内耕地和永久基本农田保护任务。村级田长、副田长是耕地和永久基本农田保护工作的实施者和直接责任人，对责任区域内耕地和永久基本农田负总责。网格管理员负责协助村级田长工作，开展各自网格内的耕地和永久基本农田监管、巡查、保护工作。

——摘编自农业农村部官网

案例七　湖北省宜昌市夷陵区因地施策"升级"农田

冬闲时节人不闲。湖北省宜昌市夷陵区鸦鹊岭镇三合村周边，运土车辆来回穿梭，机械声不断，挖掘机、推土机配合作业，600余亩形状各异的小田将升级为高标准的大田。

与三合村相邻的白河村330亩高标准农田改造项目已经基本完成。"小田土地利用率低，耕作全靠人工，产出低，年轻人都出去打工了，老年人有心无力。"白河村党支部书记王作仁说，"前不久刚召集村民开了土地流转的屋场会，由村集体引进的源民农机专业合作社流转300亩土地，打造专业粮油种植基地。"

"水泥路修到田边，水管拉到田里，这田种得有奔头。"夷陵区樟村坪镇秦家坪村村民李开斌说起自家的农田干劲十足。他家3.5亩农田也在今年换了"新装"，原来"靠人种，靠天收"的坡上旱田，通过田地平整，改善土壤条件，配套做好生产道路、灌溉水利设施，改造为更加高产的水田，还计划种植村里发展多年的冷水红米，其价格比普通大米高4~5倍。

"升级改造太有必要了，生产条件改善了，可以吸引专业合作社来进行流转，村民一边能拿到流转费，一边还能打零工挣钱。"宜昌市夷陵区樟村坪农技服务中心主任周三新说。

宜昌市夷陵区耕地质量保护监测中心主任张斌介绍，根据每个乡镇的需求因地施策，山区农田通过田块整治工程、土壤改良工程、灌溉与排水工程、田间道路工程、农田防护与生态环境保护工程等建设改造。平原地区农田基础设施已经较为完善的，则规划进行"小田并大田"等升级措施，方便机械化生产。

田成方、渠成网、路相通。近年来，夷陵区高标准农田改造提升在持续推进，经当地农业农村部门实施的高标准农田项目12.75万亩，总投资2.4亿元。2023年度，全区继续投入1 800多万元，用于高标准农田改造提升1.2万亩，计划完成田块整治1 100多亩。

——摘编自《农民日报》

案例八　贵州省农田插上"高标翅膀"

田成片、渠相通、路相连、旱能灌、涝能排，在贵州省这个"八山一水一分田"的高原农业省份，近年来通过高标准农田建设，喜见零散的田地团成大块，灌溉、排洪、机耕道等设施越发齐全，联合收割机、无人机上山下田，农民种田意愿越来越高，一幅幅现代农业新画卷正徐徐展开。

2012年以来，贵州省粮食产量连续稳定在千万吨以上。贵州省"多山少田"的现实让产粮总量难以与产粮大省媲美，不过通过高标准农田建设以及宜机化改造等，粮食自给率进一步提升，贵州人的饭碗也端得更稳。

一、破碎田地连成片

地处武陵山深处的贵州省铜仁市思南县大坝场镇尧上村，是一个人均耕地较少的传统村落。村民分散居住在山坡上，耕地相对集中在一个坝子里，这坝子过去并不平整，田块高低错落，村民都说耕种不便，"过去沟沟坎坎、上上下下，犁田耙田、栽秧打谷，费力得很！"

自 2022 年下半年开始，这一片田地开始发生变化。过去涉及 250 户的 584 块小田块，如今已经平整成为 120 块大田块。思南县农业农村局农田建设处负责人田兴勇介绍，大坝场镇尧上坝区高标准农田建设项目面积为 1 100 余亩，总投资 1 200 万余元，建设内容包括土地平整、机耕道、灌溉渠、输水管、农机下田口、排涝渠等。

记者在现场看到，山脚下的土地连成一大片，机耕道纵横交错，沟渠相互连接，挖掘机忙着清理和填满，村民用手推车运输水泥。目前项目建设已进入尾声，等着沟渠和输水管道完工，该项目就将进行评估验收。

同样在武陵山深处的贵州省石阡县龙井仡佬族侗族乡水塘村，2022 年实施的高标准农田项目，将山间破碎的田块连成一大片。项目实施前，大大小小的田块有 138 块，实施后整合成了 63 块。村干部介绍，今年打算与公司合作发展特色大米产业。

在石阡县本庄镇乐桥村 500 余亩的稻油轮作坝区，成片的油菜花竞相开放，机耕道、灌溉渠等设施一应俱全。通过高标准农田项目建设，高原上的田地俨然有了平原的开阔，冬春时节这里是油菜花的海洋，夏天这里将会变成一片绿油油的"稻海"。

"过去插秧子、收谷子，都很费力，高一处矮一处，山沟沟、茅草坡。如今是山水田园风光，春天油菜花海、秋天金色稻浪，吸引不少城里人！"贵州省湄潭县黄家坝街道牛场村党支部书记、村委会主任胡世强如此感叹。牛场村实施了 2 000 余亩高标准农田项目，把分散的田块聚合到一起，既方便耕种，又形成了乡村旅游观光点。

自 2022 年以来，贵州省推进高标准农田建设与水网建设同步规划、同步实施，建成了高标准农田 266.2 万亩。在建设机制上，贵州省探索行业专家、镇村两级和村民"三方共建"机制，通过以工代赈引导农民参与工程建设和质量监督。

"每天可以挣到 200 元工资，建好了还可以把庄稼种得更好。"贵阳市修文县阳明洞街道营官村村民汪朝军难掩喜悦之情。数据显示，自 2022 年以来，贵州省高标准农田建设项目带动 5 万余名农民就业增收，发放农民工劳务报酬 8.2 亿元。

二、大小农机开进田

山地和丘陵地形占比达 92% 的贵州省，要推广使用大中型农业机械难度较大。因此，近年来，贵州省更多聚焦耕地的宜机化改造，高标准农田建设成为重要抓手。

"通过高标准农田项目建设，现在我们的耕、种、管、收基本实现全程机械化，过去巴掌大一块田，一头牛进去都跑不了两圈，更不要说旋耕机、收割机了。"石阡县本庄镇乐桥村农机专业合作社负责人王安明说。

眼下正是春耕时节，王安明很是忙碌，他一边在农机专业合作社检修农机，一边和村民对接育秧的情况。联合收割机、插秧机、无人机、育秧生产线……在他的农机专业合作社里，摆放了大大小小的农机。他指着一台专门用于喷洒农药的无人机向记者介绍，购买时大约 6.5 万元，政策补贴直接一次性到位 1.2 万元，再加上他的农机专业合作社属于市级示范社，因此会再得到原价 30%的补贴。

农机进田，农活提速。王安明说，用一台五排种子箱的大豆玉米带状复合播种机，一台机器一人操作一天可以播种 20 亩，11 个人工一天下来只能完成 3 亩。通过无意间观察到的"人工模式"和"机种模式"，王安明有了直观感受，"种粮食要看你怎么种，农民当老板还真的不是梦！"

在黔南布依族苗族自治州福泉市道坪镇高坪司村，数台大型旋耕机在两天时间内完成了 145 亩耕地的翻犁作业。道坪镇副镇长杨涛对记者说："一年前，眼前这一大块田还是 145 块'巴掌田'。过去由于排水不畅，不少田块成了洼地，顶多种植一季水稻。"如今，得益于高标准农田项目推动，145 块"巴掌田"被改造成宽度最窄 16 米、长度最短 96 米的 21 块大水田，并配建机耕道、下田通道、排水沟和灌溉沟，为实现耕、种、管、收全程机械化创造了条件。

适用于平原的农机，不一定适用于山区丘陵地带。为破解这一难题，贵州省组建了农机研发制造联盟，围绕粮油作物生产急需农机具开展研发。其中，贵州詹阳动力重工有限公司与贵州省农业农村厅签订协议，承担了研发任务。贵州詹阳动力重工有限公司农机事业部部长张志诚介绍，2022 年公司根据贵州省山区丘陵的特点，针对水稻、油菜、玉米、大豆等种植的薄弱环节，通过引进、消化、吸收技术等方式，合作研发了水稻钵苗播种机、水稻钵苗移栽机、大豆玉米带状复合播种机等产品，目前已在龙里县、长顺县等 27 个县应用。

贵州省主要农作物耕种收综合机械化率 2022 年比 2021 年提高 2 个百分点。2022 年年末，贵州省农机服务组织达 640 家，同比增长 16.18%，全年完成农机作业 4 100 万亩次，建成 20 万亩

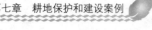

水稻全程机械化示范田。

三、农民种粮有意愿

由于单产低、效益差等问题，贵州省山区农民过去自发种粮的积极性不算太高。随着高标准农田项目逐步实施，以及农机技术、种子、人才等方面加持，越来越多的农民种粮有了积极性。

"以前的田，爬沟上坎，一丘（方言，意为一整块）田只能站得下一头牛和一个人，得一季谷子要费不少力，没人愿意种！如果遇到一场大水或者几天大旱，一年到头一粒都没得收！"湄潭县黄家坝街道牛场村54岁的冷远强对种地感触很深。"捱泥巴"（方言，意为种庄稼）几十年，他对种庄稼算是吃透了。

冷远强家原本只有1.2亩水田，看着这两年种庄稼的条件越来越好，他又租了6亩。他说，过去没人愿意种田，有的村民家里的田想免费送都送不出去，现在情况变了，一亩一年的租金从200元涨到800元，家里但凡劳动力还能干得动，都想办法把自己的田种好。

记者在牛场村看到，已经实施高标准农田项目的田块，油菜花开得正盛。到了四五月份，这里就将是成片的秧苗铺满稻田。稻油轮作，土地不闲。在田间地头碰到的几位老农，"一说起种田，以前真的是厌烦，现在大家是真的都愿意种。"

"现在大多数村民不用买米买油，山泉水种的，味道也好！"冷远强害怕自己方言语速过快而记者听不懂，特意放慢语速强调一番。牛场村气候湿润、光照充足，适宜种植水稻，村里打算发展规模化种植。油菜产量不大，但完全够村民自家食用，一亩油菜产量150千克，可以榨油大约60千克。

贵州省沿河土家族自治县谯家镇符家寨村高标准农田建设主要有灌溉渠1 400米，9条共计长6 000米、宽3.5米的机耕道，以及 90 厘米宽的生产便道 8 000多米等。村干部和村民都认为，通过改造和完善基础设施，不仅提升了原来 1 000多亩农田的耕种标准，而且激发了农民种粮的积极性。

农田"高标"，农机高效，农民意愿也跟着高涨。贵州省余庆县龙溪镇田坝村粮农刘菊配，便从中尝到了甜头。这两年，刘菊配的稻田在土地翻犁、插秧、收割、烘干等环节全部实现机械化。"这四项成本加起来一亩地也就 300 元，成本大大节约。"刘菊配给记者算了一笔账，如果按照过去雇用人工来计算，翻犁一亩地要 200 多元，插秧一亩地要 200 多元，收割一亩地也要 200 元以上。依托优良的生态，刘菊配种水稻瞄准有机、特色方向，去年收获的 2.5 万千克大米，在各大电商平台销售，几个月内便销售一空。

——摘编自农业农村部官网

参考文献

卜祥，姜河，赵明远，2020. 农作物保护性耕作与高产栽培
　　新技术［M］. 北京：中国农业科学技术出版社.

龙新宪，2021. 耕地土壤重金属污染调查与修复技术［M］. 北
　　京：化学工业出版社.

王文革，2018. 土地保护法研究［M］. 北京：中国法制出
　　版社.

徐建明，2019. 土壤学［M］. 4 版. 北京：中国农业出版社.

薛剑，关小克，金凯，2021. 新时期高标准农田建设的理论
　　方法与实践［M］. 北京：中国农业出版社.

赵其国，2019. 盐土农业［M］. 南京：南京大学出版社.